Ensaios

O livro é a porta que se abre para a realização do homem.

Jair Lot Vieira

Ensaios

Francis
Bacon

Apresentação: RAUL FIKER
Livre-Docente em Filosofia pela Unesp
Pós-Doutor em Filosofia pela Cambridge University
Doutor em Filosofia pela USP
Mestre em Teoria Literária pela Unicamp
Professor-adjunto na Unesp

Tradução, prefácio e notas: EDSON BINI

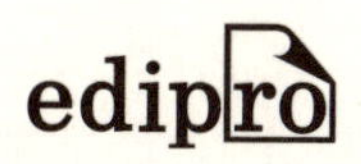

Ensaios

Francis Bacon

Apresentação: Raul Fiker

Tradução, prefácio e notas: Edson Bini

2ª Edição 2015

Editores: Jair Lot Vieira e Maíra Lot Vieira Micales
Coordenação editorial: Fernanda Godoy Tarcinalli
Editoração: Alexandre Rudyard Benevides
Revisão: Tatiana Yumi Tanaka
Arte: Karine Moreto Massoca

Dados Internacionais de Catalogação na Publicação (CIP)
(Câmara Brasileira do Livro, SP, Brasil)

Bacon, Francis, 1561-1626.
Ensaios / Francis Bacon ; apresentação Raul Fiker; tradução, prefácio e notas Edson Bini.
2. ed. São Paulo : EDIPRO, 2015.

Título original: Essays.
Bibliografia
ISBN 978-85-7283-898-6

1. Ensaios ingleses 2. Ética 3. Filosofia inglesa 4. Política - Filosofia I. Bini, Edson. II. Título.

00-4711 CDD-192

Índices para catálogo sistemático:
1. Filosofia inglesa : 192
2. Filósofos ingleses: 192

edições profissionais ltda.
São Paulo: Fone (11) 3107-4788 - Fax (11) 3107-0061
Bauru: Fone (14) 3234-4121 - Fax (14) 3234-4122
www.edipro.com.br

Sumário

Considerações do tradutor

A presente tradução livre dos célebres *Essays* de Francis Bacon segue em linhas gerais o texto de 1909 constante nos *Harvard Classics* de P. F. Collier & Son Corp., New York.

O recurso à paráfrase, nem sempre recomendável em obras de teor filosófico, fez-se necessário a nosso ver, dada a forma extremamente compacta e estreita do manuscrito original de Bacon, para o qual uma tradução ponto a ponto que beirasse a literalidade renderia um texto em português não só pouco atraente como pouco compreensível ao leitor contemporâneo, em função, inclusive, dos inevitáveis arcaísmos do texto original baconiano.

É de se observar, inclusive, que os *Ensaios* se prestam à paráfrase principalmente porque não constituem um texto estritamente técnico de filosofia nem um tratado monobloco, permitindo ao autor de o *Novum Organum* que se expresse de maneira mais solta e até com uma leveza proibitiva em suas outras obras marcantemente densas e técnicas.

De qualquer forma, empenhamos-nos, naturalmente, em preservar incólumes tanto os conceitos emitidos pelo autor quanto o seu tom peculiar, por vezes sutil, por vezes cáustico, por vezes conciliador, porém sempre elegante.

Os *Ensaios* foram publicados inicialmente em inglês no ano de 1597 e então não passavam de dez. Sua segunda edição surgiu em 1616 já com 38 peças. A terceira edição, que apareceu ainda enquanto Bacon era vivo, em 1623, continha 59 ensaios, e sagrou-se como a definitiva, tendo recebido, por parte do autor, uma tradução para o latim, idioma obrigatório nos círculos intelectuais e acadêmicos de então.

As notas que juntamos a esta edição têm cunho sobretudo informativo e elucidativo e, por vezes, caráter crítico, porém não pretendem erudição alguma.

Como de costume, convidamos o público leitor a ser o crítico final de nosso trabalho e a não hesitar quanto à manifestação de suas eventuais restrições e sugestões no tocante ao mérito de nosso labor, sempre humanamente sujeito a falhas e passível de aprimoramento.

Dados biográficos

Francis Bacon nasceu em 22 de janeiro de 1561 em Londres, filho de *sir* Nicholas Bacon e *lady* Anne Cooke, cunhada do barão de Burghley (*sir* William Cecil), tesoureiro-chefe real de Sua Majestade Elizabete I e um dos homens mais poderosos do país. Trilhou a senda educacional costumeira dos meninos das conservadoras e respeitáveis famílias inglesas pertencentes à aristocracia ou, ao menos, das também acatadas famílias possuidoras de um chefe que ocupava um cargo de responsabilidade no governo britânico e, especialmente, junto à rainha. Sua mãe, mulher extremamente culta, teóloga e linguista (conhecia, inclusive, o grego), cuidou com esmero da primeira fase de sua instrução. Entrou no Trinity College de Cambridge aos 12 anos e a partir daí seu pendor intelectual encontrou fartas oportunidades para o desenvolvimento de um espírito inquiridor que o transformaria em uma das mais expressivas personalidades do seu tempo.

Mas se defrontaria cedo com dificuldades.

Seu pai morreu quando ele tinha 18 anos e, como não era o primogênito, mas precisamente o caçula, ficou, de súbito, destituído de sua fonte de recursos financeiros, ou seja, sem um centavo. Mas a despeito da pobreza e do desafeto e indiferença de seus parentes abastados e influentes, o jovem Francis, já senhor de uma índole permeada de determinação, que o caracterizaria por toda a vida, formou-se em Direito e aos 23 anos já era membro da *House of Commons*.

Como todos os gênios, particularmente os precoces, Bacon atraía francos admiradores com a mesma facilidade que gerava, às vezes, inimizades inconvenientes. Sua carreira política incipiente não se revelou, assim, um grande sucesso, mesmo porque a rainha Elizabete I, para quem seu pai prestara serviços por vinte anos, não nutria especial simpatia pelo talentoso filho de seu ex-funcionário, sendo provável que também não depositasse confiança nele. Haverá sempre muito de contraditório, ou ao menos, de estranho nessa aversão aparentemente infundada que a rainha experimentava pelo jovem diplomata e promissor político, pois este não hesitou em renunciar direta e declaradamente à única amizade efetiva de que dispunha nos meios políticos (a do poderoso conde de Essex – homem amado e posteriormente odiado pela rainha) para manter-se fiel à rainha da Inglaterra. De fato, tal conspirador acabou sendo julgado por traição e condenado à morte, e um dos advogados que cuidou competentemente da acusação foi o próprio Bacon. É, todavia, muito provável que

Elizabete I via com receio, desconfiança e desabono pessoal o lado pródigo de Bacon casado ao seu acentuado apego pelos confortos e facilidades materiais que só podiam ser satisfeitos com muito dinheiro.

Somente com a morte da Elizabete I em 1603 e sua sucessão por Jaime I que a carreira de Bacon será ativada, passando então a crescer a pleno vapor. Os títulos, que naquela época na Inglaterra não eram meramente honoríficos, expressam bem a célere ascensão profissional de Bacon naquele período: *barão Verulam*, *visconde de Santo Albano* e *lorde chanceler* da Inglaterra.

Por quase duas décadas, Bacon foi um dos políticos mais poderosos e influentes do governo, e sua alta posição profissional, evidentemente, tornou-o um homem rico, que, dotado de excelente gosto e refinada cultura, soube muito bem acercar-se dos requintes propiciados pelo êxito mundano.

Mas, a despeito de sua singular habilidade, incontestável sagacidade e pronta inteligência para lidar com antagonistas e inimigos pessoais e políticos em um ambiente carregado de intrigas, conluios e interesses de toda ordem, em 1621 Bacon caiu em desgraça.

Por ocasião de um conflito político entre o rei e o Parlamento, Bacon, agora *visconde de Santo Albano*, braço direito do rei Jaime I e *homem forte* da situação, foi surpreendido pela acusação formal de ter recebido suborno quando atuava como juiz. Julgado e considerado culpado, foi-lhe reservada uma dura punição: a perda do cargo e de todos os seus títulos, a condenação a pagar uma multa de *40 mil libras*, uma quantia elevadíssima mesmo para um homem tão rico, e o sentenciamento à reclusão na Torre de Londres.

Entre marchas e contramarchas, Bacon logrou quase eliminar a ignominiosa sentença, reduzindo-a a *quatro* dias, que foi o que efetivamente passou na Torre de Londres; quanto à sua fortuna, permaneceu intocável porque sua rara perspicácia e seu tino de advogado fizeram-no escapar do pagamento da totalidade da multa. Mas ele jamais recuperou seu cargo, seus títulos e suas honras, ficando proibido pelo restante da vida de tomar assento no Parlamento.

Os últimos cinco anos de sua vida foram essencialmente dedicados à concepção e formulação de um novo método científico, à sua principal produção filosófica e aos seus escritos literários. E foi, ironicamente, devido ao seu aficionamento pela experimentação que ele veio a morrer em 9 de abril (ou 9 de junho) de 1626. Bacon fizera um experimento específico sobre o efeito das baixas temperaturas no processo de decomposição da carne, no qual utilizou uma ave e certa quantidade de neve, o que o levou a contrair um insistente resfriado que descambou em uma bronquite fatal.

A obra

É bastante provável que dois fatores principais impediram Bacon de redigir uma obra filosófica muito vasta: suas ocupações constantes e prementes de político profissional atuante que faziam que pouquíssimo tempo restasse para dedicar-se ao preparo e à redação de obras literárias e filosóficas, e a própria visão pragmática que aquele homem tão prático e direto tinha da exposição das ideias, que para ele deveria ser estritamente precisa, concisa e parcimoniosa nas palavras, afastando qualquer verbosidade, ostentação literária, formalismos, gongorismos e floreios do discurso.

Assim Bacon concentrou, essencialmente, suas ideias na *Instauratio Magna*, onde se acha o *Novum Organum*. É esta a grande obra filosófica (material e tecnicamente falando) de alguém que, como já indicamos anteriormente, só se devotou inteiramente à organização e exposição escrita de suas ideias após seu declínio de homem político. Todas as demais obras de Bacon (inclusive os *Ensaios*) estão, embora anteriores ou posteriores a *Instauratio Magna*, ideológica e metodologicamente subordinadas ao eixo e às diretrizes de seu pensamento patenteados nesta última obra mencionada.

Abaixo apresentamos uma sumária cronologia dos trabalhos de Bacon, incluindo os títulos latinos das obras escritas em latim ou traduzidas para o latim:

1597 – *Ensaios* e também *Cores do Bem e do Mal* e *Meditationes Sacrae*

1603 – *Introdução à Interpretação da Natureza* (*De Interpretatione Naturae Proemium*)

1603/1605 – *O Avanço do Saber* (a tradução para o latim *De Augmentis Scientiarum* aparecerá em 1622)

1606 – *O Fio do Labirinto* (*Filum Labyrinthi*)

1607 – *Das Coisas Pensadas e Vistas* (*Cogitata et Visa*)

1609 – *Crítica às Filosofias* (*Redargutio Philosophiarum*)

1612 – *Descrição do Globo Intelectual* (*Descriptio Globi Intellectualis*)

1620 (iniciada em 1608) – *Instauratio Magna* (contendo o *Novum Organum*)

1621 – *Das Origens* (*De Principiis*)

1622 – *História de Henrique VII; História Natural* (*Historia Naturaralis*)

1624 – *Floresta das Florestas* (*Sylva Sylvarum*); *A Nova Atlântida*

EDSON BINI

Prefácio

Um dos pensadores que mais viriam a influenciar a posteridade, Francis Bacon, apesar de suas incursões em outras áreas do conhecimento (a quem lhe atribua até as colossais obras teatrais de William Shakespeare, fazendo deste último uma figura fictícia), firmou-se indelevelmente como filósofo político, o que, como no caso de Maquiavel, desponta não só cabível e compreensível como justo e lógico, pois como o florentino, Bacon foi um atuante político de profissão.

Bacon é, indiscutivelmente, um dos instauradores da filosofia moderna ocidental, ao lado de Giordano Bruno (1548-1600) e René Descartes (1596-1650) e seguido de perto por Thomas Hobbes (1588-1679) (seu secretário e amigo pessoal), depois por John Locke (1632-1704) (que também se especializaram na ciência política) e Baruch Spinosa (1632-1677). A safra imediata somaria gênios tão diversos quanto percucientes como Wilhelm Leibniz (1646-1716) e Giovanni Battista (Gianbattista) Vico (1669-1744).

Espírito positivo e prático, mais voltado para a metodologia do que para a especulação metafísica, Bacon atraiu para si o ambiciosíssimo e ciclópico repto de, nas esferas da lógica e da teoria do conhecimento, combater o aristotelismo arraigado na cultura e vida europeias, principalmente presente e veiculado na versão escolástica do pensamento peripatético, e estabelecer novos fundamentos e diretrizes para a reflexão filosófica e científica através da superação da lógica formal eivada dos silogismos, e da formulação e instauração de uma nova lógica.

Não cabe nesta modestíssima introdução discutir se Bacon teve êxito. A maioria dos historiadores da filosofia opina que não, e é provável que tenha razão pois a pretensão do filósofo inglês de elaborar um completo e sólido *Novum Organum* que se ombreasse e ultrapassasse o portentoso tratado do estagirita, que fixa de maneira a uma vez minuciosa e exaustiva os princípios da lógica formal, não parece suprir todas as necessidades de uma nova lógica que apresentasse original e efetivamente um novo método (o indutivo) não só visceralmente distinto e independente do aristotélico (o dedutivo) quanto a este se opondo na construção mesma de seus fundamentos e princípios.*

Como não se poderia esperar algo de diverso de um espírito tão fecundo, criativo e ao mesmo tempo de uma personalidade tão altiva e diligente, não é exagero afirmar que Bacon na verdade se insurgiu contra a perpetuação do pensamento grego (especialmente sua teoria do conhecimento, lógica e metafísica) no pensar europeu. Nesse sentido, a escolástica é para ele o repositório culminante e insustentável de uma dependência politicamente dúbia e intelectualmente cômoda da filosofia helena e helenística, como se a Europa permanecesse indolentemente refém não só das doutrinas filosóficas gregas (entre as quais o aristotelismo se mostrava historicamente quase hegemônico) como também da metodologia e propedêutica gregas para o pensar. Cumpre acrescentar que na vigorosa e audaciosa crítica global baconiana estão implícitos também a crítica e o repúdio ao conceito de autoridade filosófica e científica, utilizado muito frutífera e proveitosamente pelos padres da Igreja (a filosofia patrística) e pela escolástica no sentido de nortear os rumos da vida política, econômica e social da Europa medieval e nos primórdios da Idade Moderna, para que o gênio diversificado de Aristóteles se prestou magnificamente.

Para Bacon não se tratava apenas de uma reforma do conhecimento e de suas leis, mas de uma revolução na qual, zerado tudo que fora realizado até então, se refizesse o entendimento humano e se colocasse a ciência sobre um fundamento inteiramente novo. Na verdade, sendo Bacon preponderantemente um político, havia muito de político no seu movimento: para ele era hora de deixar de buscar as respostas nas autoridades, fossem estas as figuras dominantes das Escolas de pensamento, as obras filosóficas ou as ideias consagradas, mas preconcebidas. Mas, indo mais a fundo, Bacon combate a especulação *a priori*, muito comum na reflexão helênica como metodologia. Bacon é, talvez, um dos primeiros modernistas e o que ele refuta é precisamente a exaltação da antiguidade. Segundo o filósofo de *York House*, a escolástica nunca foi senhora de doutrinas próprias e muito menos mestra, não passando de discípula exemplar e assídua do pensamento antigo de Aristóteles.

Como se não bastasse e, não podendo, por assim dizer, voltar atrás na sua crítica, sob pena de incoerência, Bacon se vê obrigado a criticar o próprio teor do pensamento grego, embora faça questão de se ater ao aspecto metodológico. Como que pasmo, ele tem a impressão que sob o influxo e a pre-

* Ver, a propósito: ALVES, Alaôr Caffé. *Lógica – pensamento formal e argumentação*. Bauru: Edipro, 2000 (especialmente p. 147-8).

dominância do pensamento grego, o mundo acabou ficando órfão do próprio senso da realidade. O pretenso saber acumulado pelo pensamento ocidental é, a rigor, constituído de preconceitos, caprichos, preferências e ídolos que impomos à natureza. Poderíamos pôr nos lábios de Bacon um exemplo específico e típico da falácia do método e instrumento do saber: por ser o círculo uma linha regular que nos agrada, inferimos disso que as órbitas planetárias são círculos perfeitos. Bacon critica a metafísica como rainha das disciplinas filosóficas, que acaba por infiltrar-se em toda a reflexão filosófica. Insinua ele que ao aceitarmos o conceito de *causas finais*, o aplicamos à ciência transferindo à natureza o que existe meramente na nossa imaginação. A crítica, assim, é essencialmente à inversão metodológica levada a cabo pelo método dedutivo que se traduz, também, em uma questão nevrálgica entre o realismo e o nominalismo, ou seja, ao invés de indagarmos sobre as coisas, indagamos sobre as palavras, às quais nem sequer atribuímos um sentido objetivo, universal e unívoco. Por outro lado, confundimos continuamente o que concerne à ciência com o que tange à religião, o que resulta na produção de uma ciência eivada de superstições e em uma teologia repleta de heresias. Para Bacon, à exceção de alguns poucos filósofos fisicistas pré-socráticos, como Demócrito, a filosofia ou ciência da natureza jamais foi íntegra, mantendo-se sempre infectada e corrompida, na escola peripatética pela lógica, na escola pitagórica e na Academia pela teologia, nos movimentos neoplatônicos pelas matemáticas.

Bacon investe contra os resultados efetivos da indução da filosofia tradicional, a qual, segundo ele, é apenas uma enumeração que redunda em uma conclusão precária, que pode ser facilmente destroçada pelo método empírico. A verdadeira indução, distinta dessa indução inapta e da dedução silogística falaciosa, não se supre apenas de alguns fenômenos isolados cuja averiguação é dúbia com o fito pretensioso de daí extrair as leis mais gerais; no método indutivo efetivo demora-se meticulosamente na investigação dos fatos, ascendendo esta paulatinamente às leis.

Bacon atenta para a qualidade da lei geral, especialmente os aspectos de seu alcance e extensão, a despeito de sua generalidade, pois talvez ela abarque tão só os fatos a partir dos quais foi extraída e seu alcance não vá além da medida desses próprios fatos; por outro lado, na hipótese de ela deter efetivo alcance, trata-se de investigar se ela corrobora sua extensão graças à indicação de novos fatos capazes de lhe servirem de instrumento de garantia.

Nesse sentido, Bacon conclui, não se incorrerá em uma cristalização dos conhecimentos já adquiridos nem em uma captação de sombras e abstrações provocada por uma apreensão demasiado lata.

É preciso, ademais, observar na leitura dos textos de Bacon (fundamentalmente o *Novum Organum*) que ele atribui significados essencialmente distintos a termos e expressões correntes da filosofia, além, é claro, de construir uma terminologia própria, privilégio de todo filósofo. Filosofia primeira (para a tradição filosófica sinônimo de metafísica) é para ele a ciência das noções e proposições gerais que atuam como fundamento comum das ciências especiais, designação da história (dividida em história natural e história civil), poesia e filosofia propriamente dita, que ele divide em teologia natural, filosofia natural e filosofia humana, entendendo-se que a metafísica é a parte especulativa da filosofia natural; a metafísica tem como objeto as formas e os fins, enquanto que a parte operativa da filosofia natural ou física propriamente dita trata apenas das forças e das substâncias.

A despeito de sua terminologia e suas conceituações, que nos parecem pouco claras e insuficientemente funcionais para o tratamento do objeto filosófico, percebe-se que um dos seus intuitos, alcançado em boa medida e bem-vindo no crepúsculo da filosofia medieval, era distinguir a filosofia da fé, a ciência da teologia e a razão da revelação. Dentro desse novo espírito e perspectiva, poder-se-ia, inclusive, ter desde os primeiros escolásticos (John Scot Erigene, Santo Anselmo, Pierre Abélard) quanto os seus últimos grandes vultos (John Duns Scot e Santo Tomás de Aquino) na conta de brilhantes e insuperáveis teólogos travestidos de filósofos. Baconianamente falando, se a filosofia grega alçara tantos voos capitaneada pela metafísica, a escolástica deliberadamente fundira e identificara a filosofia com a teologia. Uma reorganização e reformulação do saber se faziam, portanto, imperiosas, no que Francis Bacon colaborou de maneira destacada.

EDSON BINI

Apresentação

Francis Bacon (1561-1626) estudou no Trinity College, em Cambridge. Da época em que saiu de Cambridge, com menos de dezesseis anos, até sua destituição do posto de Lord Chancellor de James I, por denúncia de aceitação de suborno, em 1621, com a idade de sessenta anos, ele seguiu carreira pública: desde a morte de seu pai, em 1579, frequentemente nas áreas jurídica e política ou a serviço direto da coroa.

Bacon sempre teve um lugar central, mas controverso, na história dos primórdios da filosofia moderna. Para alguns, ele foi o primeiro porta-voz da ciência moderna em geral e pai de seu método indutivo em particular. Para outros, foi um charlatão imoral sem nada de original a dizer. No século XVII e, especialmente, no século XVIII, quando a reputação de Bacon estava no seu ápice, ele era amplamente visto como o precursor da filosofia e da ciência modernas. Em nossa época, entretanto, mesmo seus mais ferrenhos críticos não deixam de reconhecer sua importância. A Escola de Frankfurt, por exemplo – por meio de Theodor W. Adorno e Max Horkheimer, em sua *Dialética do Esclarecimento* (1947) –, criticou Bacon por ser o próprio epítome da dominação científica moderna da natureza e da humanidade.

Os *Ensaios* de Bacon, no texto ora apresentado, passaram por três estágios distintos de evolução, representados pelas edições de 1597, 1612 e 1625. Contando com apenas dez ensaios em sua publicação em 1597 – quando Bacon já se move na direção de uma ciência moral dedicada a decodificar e trabalhar as mentes dos homens, a despeito de (ou melhor, por causa de) sua recomendação contra a "manipulação de almas" –, passou a trinta e oito em 1612, tendo sido revistos os ensaios originais e, em muitos casos, reescritos (sendo o debate sobre a união das leis inglesas e escocesas seu primeiro escrito político sério sobre teoria política). Desde então, até o ano anterior a sua morte, quando assumiram seu número e forma atuais (cinquenta e oito), Bacon manteve o livro constantemente ao seu lado, acrescentando, alterando, comprimindo ou expandindo. Alguns dos primeiros ensaios passaram por muitos rascunhos. Conforme suas opiniões sofriam modificações em decorrência dos acidentes e incidentes da vida, também os sentimentos expressos nos ensaios iam sendo modificados. Os ensaios "Dos Pretendentes", "Da Discórdia" e "Da Amizade", por exemplo, foram substancialmente alterados, tendo sido o último inteiramente reescrito em 1625.

Os primeiros dez ensaios, publicados em 1597, eram simplesmente sequências de aforismos, e podem ter se beneficiado por serem impressos sobre linhas separadas no estilo familiar dos provérbios e salmos do Velho Testamento. Na edição final de 1625, a série de aforismos é modulada num fluxo discursivo muito mais contínuo, da inclusão de anedotas ilustrativas e citações da literatura clássica, por ornamentos digressivos sobre o tema original e pela provisão de dispositivos verbais simples de conexão. A natureza insistentemente aforística dos ensaios originais tende a se revelar, a despeito destas mudanças, em suas memoráveis primeiras sentenças: "O que é a verdade? perguntou Pilatos – e não esperou por uma resposta"; "os homens temem a morte como as crianças temem a escuridão"; "a vingança é uma espécie de justiça selvagem". A predileção de Bacon pelo modo aforístico de expressão não é apenas uma simples idiossincrasia de gosto. Ele oferece uma defesa do uso de aforismos no *Progresso do Conhecimento* (1605) como particularmente adequados para a apresentação de opiniões com caráter experimental (*broken knowledges*) e, em conformidade com esta ideia, é claro que ele tomava a palavra "ensaio" em seu uso etimológico como "tentativa" ou "experimento". Em edições ulteriores, o livro, mais discursivamente expresso, foi chamado *Ensaios ou Conselhos*.

O aparecimento dos temas da reforma das leis e da ciência durante a década de 1590 é de grande importância para nossa compreensão do pensamento de Bacon e seu desenvolvimento, cuja primeira aventura editorial foi a modesta coleção de ensaios impressa em 1597. E embora esta e os *Ensaios* de 1612 possam ser tidos apenas como reflexos da própria preocupação de Bacon com o progresso pessoal (sua "arquitetura da fortuna"), em torno de 1625 ele não estava escrevendo do ponto de vista de um pretendente ambicioso, mas como um estadista preocupado com questões mais substantivas de moralidade e política. Entre outras coisas, esta mudança de interesse do progresso na carreira por questões mais amplas envolvendo o papel do caráter privado na vida pública ajuda a explicar a inclusão de vários outros ensaios na edição de 1625. Ensaios sobre Vingança, Adversidade, Inveja, Ousadia, Ira, Simulação e Dissimulação analisam temas de caráter e disposições, as circunstâncias que os produzem e o seu papel nos negócios públicos.

Além disso, a subordinação de Bacon da moralidade privada à pública nos *Ensaios* é parte da significativa influência que Maquiavel exerceu em seu pensamento político. Da mesma maneira que *O Príncipe* contrasta as virtudes públicas e privadas, os *Ensaios* apontam as ocasiões em que o exercício do vício privado pode ser uma virtude pública. Simulação e dissimulação, vaidade, vingança e ambição são frequentemente necessárias para benefício do bem público e são justificáveis por seu princípio mais elevado.

Não se pode estudar os *Ensaios* com cuidado sem levar em consideração que cada um deles é o fruto de sua própria experiência, destilada através do alambique de sua mente. Dificilmente há algum ensaio no qual, numa ou noutra sentença, não haja alguma referência sutil, expressa ou compreendida, à sua própria vida. Há que se considerar também que, diferentemente de *A Sabedoria dos Antigos* (1609) – sua interpretação alegórica de alguns mitos clássicos – e da *Nova Atlântida* (1623) – sua utopia científica – onde assuntos políticos são tratados de forma velada, eles encontram nos *Ensaios* expressão mais explícita.

Desde a sua primeira publicação, a popularidade dos *Ensaios* foi grande. Sua brevidade era uma recomendação a leitores com lazer limitado. Sua concisão compacta de pensamento e expressão, uma virtude em um período em que não eram muito comuns. Como um dos livros que marcaram época, os *Ensaios* ajudaram a moldar e dirigir o caráter de muitos indivíduos.

Com os *Ensaios* de Montaigne, eles inevitavelmente desafiam uma comparação, mesmo porque apenas dezessete anos separam a publicação de suas primeiras edições. Os *Ensaios* de Montaigne abrangem uma área mais ampla da ação humana como esfera de suas observações e críticas. Mas carecem da concisão, da pesquisa abrangente de todo o domínio do conhecimento, das analogias de longo alcance e da familiaridade polimática com toda a gama de conhecimento de sua época demonstradas por Bacon. Que Bacon tenha lido Montaigne quando o primeiro livro dos *Ensaios* deste foi publicado, em 1580, é altamente provável, embora ele não o mencione até 1625. Ambos os ensaístas trataram diversos tópicos em comum. Bacon tem um ensaio "Das Cerimônias e Respeitos", Montaigne um "Das Cerimônias nas Entrevistas com Reis"; ambos os autores têm um ensaio "Da Amizade"; Bacon escreve "Da Glória Vã", Montaigne, sobre "Glória" e "Vaidade"; Bacon trata de "Estudos" e Montaigne de "Livros", mas apenas o assunto sob discussão em ambos é que permanece o mesmo. Se Montaigne é mais o artista literário, Bacon é a força epistemológica e moral mais profunda.

Quanto à sua divisão, os *Ensaios* de Bacon, vistos em sua totalidade, podem ser agrupados em torno de três grandes princípios: (1) o homem em relação com o mundo e a sociedade; (2) o homem em suas relações com si mesmo; e (3) o homem nas relações com o Criador. Estas divisões não podem ser vistas como mutuamente exclusivas. Alguns dos ensaios, contudo, podem ser colocados sob mais de um dos princípios. Mas esta base de divisão nos habilita a tentar algum tipo de classificação, de acordo com o qual os ensaios podem ser metodicamente estudados em grupos intimamente aliados.

A primeira categoria é, por certo, a maior, incluindo, como o faz, as relações da humanidade com o mundo físico e também aquelas relações mútuas constituindo a sociedade como um todo. Como representativos dos ensaios que cairiam sob esta categoria estão, entre outros, "Das Sedições e Agitações", "Do Grande Lugar", "Do Império", "Da Amizade", "Das Plantações", "Dos Prédios", "Dos Pretendentes" e "Da Magistratura".

Sob o segundo grupo seriam classificados os ensaios que lidam com o indivíduo em suas relações intelectuais e morais. Representativos destes seriam, entre outros, "Do Regimento da Saúde", "Dos Estados", "Da Ambição", "Da Adversidade", "Da Vingança" e "Da Deformidade".

Sob o terceiro grupo, as relações do homem com seu Criador e o mundo não visto, ensaios como "Da Morte", "Da Unidade na Religião", "Do Ateísmo", "Da Superstição", "Das Profecias", entre outros.

Até recentemente, os estudiosos tendiam a ver os *Ensaios* de Bacon como uma prestação de contas de seu conhecimento civil. Isto tem sido questionado. A despeito de sua acentuada confiança na própria habilidade de oferecer conselhos sadios, Bacon parece ter mais tarde se tornado menos sanguíneo, senão inteiramente cético, sobre a possibilidade de uma ciência política. De acordo com este ponto de vista, a edição final dos *Ensaios* (1625), embora tendo tratado dos tópicos morais e políticos listados no *Progresso do Conhecimento* com a exigência de um olhar mais minucioso, enfatiza a contingência e instabilidade dos negócios políticos, que dificilmente se conformam aos requisitos de uma ciência demonstrativa. De fato, em 1622, Bacon considera seus *Ensaios* "não mais do que uma recreação de seus outros estudos", e, em 1625, ele nota que seus escritos sobre ética e política (incluindo a *História de Henrique VII* e *A Sabedoria dos Antigos*) não faziam parte de sua "Instauração" – seu grande projeto de reforma do conhecimento.

Finalmente, os *Ensaios* de Bacon são a obra de um homem que, ao menos em preceito, tinha uma profunda reverência pelo princípio moral e alimentava um profundo amor e respeito pela justiça; e procurou sempre manter a santidade da verdade, tanto na investigação científica como no intercurso da vida.

RAUL FIKER*

---

* Pós-Doutor em Filosofia pela Cambridge University e Livre-Docente em Filosofia pela Unesp. Doutor em Filosofia pela USP. Mestre em Teoria Literária pela Unicamp. Professor-adjunto na Unesp, escritor e tradutor. Publicou, entre outros: *O conhecer e o saber em Francis Bacon; Vico, o precursor;* e *Mito e paródia*.

Ensaios

Dedicatória

Ao mui honrado meu bom senhor
duque de Buckingham,
alteza e grande almirante da Inglaterra

Excelentíssimo Sr.,

Diz Salomão que "um bom nome é como um unguento precioso", e de minha parte asseguro que exatamente isso será o nome de Vossa Alteza para a posteridade, pois tanto vossa fortuna como vossos méritos são, em verdade, eminentes e estabeleceram coisas que hão de perdurar.

Publico agora estes meus Ensaios, aparentemente a mais conhecida de todas as minhas obras, talvez por ter abordado com acerto tanto as paixões dos homens quanto os seus interesses. Para esta edição ampliei o número e os ensinamentos de meus ensaios, o resultado sendo uma verdadeira obra nova; por isso, pensei que revelaria gratidão nos meus sentimentos e lealdade nas minhas obrigações no tocante a Vossa Alteza fazendo-os preceder por Vosso ilustre nome tanto na edição latina quanto na inglesa, pois assim, por ser o latim idioma universal, meu volume latino perdurará enquanto haja livros.

Dediquei ao rei minha Instauratio e ao príncipe minha História de Henrique VII (que agora também traduzi para o latim), assim como as partes que compus da História Natural; no presente dedico estes Ensaios a Vossa Alteza por considerá-los um dos melhores frutos que posso oferecer do generoso auge que Deus concedeu a minha pena e aos meus esforços.

Que Deus tenha Vossa Alteza próximo de si.

O mais obrigado e fiel servidor de Vossa Alteza,

Francis Bacon,
Visconde de Santo Albano

Ensaios

I – Da Verdade

"O que é a verdade?" – indagava Pilatos[1] em tom de pilhéria e sem aguardar uma resposta. Similarmente, há muitas pessoas que encarando como uma servidão a necessidade de ter opiniões e princípios estabelecidos, querem gozar de inteira liberdade tanto em seus pensamentos como em suas ações. A seita dos filósofos que de tudo duvidavam desapareceu[2] há muito tempo, entretanto, são encontrados ainda muitos espíritos vagos e incertos que parecem contagiados pela mesma mania, embora não detentores de tanto vigor e profundidade como aqueles antigos. Todavia, a causa que creditou e consagrou tantos erros não consistiu nas dificuldades que é necessário vencer para descobrir a verdade, nem no labor empreendido que requer essa investigação, nem naquela espécie de jugo que parece impor ao pensamento quando se a encontra, porém no apego corrupto à própria mentira.

Entre os filósofos gregos posteriores à época clássica há um[3] que se devotou especialmente a essa questão e que buscou, em vão, sondar a causa da predileção tão marcante que têm os homens pela falsidade, não por lhes proporcionar prazer, como aos poetas, ou vantagem, como aos mercadores, mas sim, ao contrário, parecendo que a amam por si mesma. Eu resolveria essa questão do seguinte modo: assim como um dia muito claro é menos favorável para as representações cênicas do que a luz débil das velas e dos candelabros, da mesma maneira a verdade em todo seu esplendor é também menos favorável

1. *Evangelho de São João*, capítulo XVIII, versículo 38.

2. Os primeiros céticos da Escola de Pirro de Elis.

3. Luciano.

ao prestígio, ao adorno e à pompa teatral do mundo, do que a sua luz um pouco enfraquecida pela falsidade. A verdade, por mais preciosa que pareça, não tem, talvez, mais que um valor comparável ao de uma pérola que necessita o auxílio da luz do dia para manifestar seu mérito, distinta de um diamante ou carbúnculo, cujo brilho próprio supera as próprias luzes. Seja como for, não se duvida que um pouco de ficção mesclada com a verdade sempre provoca prazer.

Suprimir do espírito as vãs opiniões, as falsas apreciações, as ilusões sedutoras e todas as quiméricas esperanças de que se alimenta não seria condená-lo ao agastamento, ao pesar, à melancolia e ao desalento? Certo doutor da Igreja denomina a poesia com grande severidade *vinum daemonum*, fundando-se em que as ilusões das quais satura a imaginação ocasionam uma espécie de embriaguez e, contudo, a poesia não é senão a sombra da falsidade. A falsidade verdadeiramente prejudicial não é a que atinge ligeiramente o espírito humano e que se limita, por assim dizer, a passar ao seu lado e roçar-lhe, mas sim aquela que penetra mais profundamente e se fixa no entendimento, ou seja, aquela a que nos referimos anteriormente.

Seja qual for a ideia que os homens possam formar do verdadeiro e do falso no extravio de seus juízos e aviltamento de suas inclinações, a verdade que tem como juiz somente a si mesma, nos ensina que sua investigação, conhecimento e sentimento, que se parecem respectivamente ao desejo, à visão e ao gozo, são o maior bem que se pode conceder aos mortais. O primeiro que Deus criou nos dias da formação do universo foi a luz dos sentidos e o último, a luz da razão. Entretanto, sua obra eterna, obra própria do sábado, é a própria iluminação do espírito humano. A partir de um princípio verteu luz sobre a superfície da matéria e do caos, depois sobre a face do homem que acabava de modelar e, finalmente, estendeu eternamente a luz mais viva e pura nas almas dos escolhidos. Esse poeta,[4] que soube embelezar a derradeira das seitas, afirmou com a elegância que lhe é peculiar: "É prazer bastante agradável contemplar os navios combatidos pela tempestade; é igualmente delicioso observar de uma torre elevada dois exércitos que pelejam na vasta planície e ver a vitória passar incerta de um a outro alternativamente. Porém, não há prazer algum comparável ao que experimenta um sábio que das alturas da verdade (alturas nas quais ninguém exerce tirania e onde reina perpetuamente um ar tão puro quanto sereno) dirige seus olhares tranquilos sobre as opiniões enganosas e sobre as tempestades das paixões humanas". Deveria acrescentar que semelhante espetáculo em nós não excita mais do que indulgente comiseração, e não orgulho ou desprezo. Certamente, todo mortal que, animado do fogo divino da caridade e repousando sobre o seio da Providência, não tem

4. Quer dizer, Lucrécio. O trecho é extraído de *De rerum natura*, Livro II.

outro pensamento nem outro norte senão a verdade, goza neste mundo dos bens celestiais da outra vida.

Se passamos agora da verdade filosófica ou teológica à verdade prática, ou melhor, à boa-fé e a sinceridade nos assuntos do mundo, não podemos duvidar – e esta é uma máxima incontestável mesmo para aqueles que pensam diferentemente – que uma conduta franca e sempre correta é o que confere maior elevação e dignidade aos homens e que a falsidade no intercâmbio da vida é semelhante aos metais vis que se ligam ao ouro, que embora o tornem mais fácil de lavrar, reduzem seu valor. Todos esses caminhos oblíquos e tortuosos assemelham o homem à serpente, que se arrasta porque não sabe caminhar de outro modo. Não há vício mais vergonhoso e mais degradante que o da deslealdade, nem papel mais aviltante do que o do embusteiro, ou o de um trapaceiro, colhidos em flagrante. Por isso, buscando Montaigne a razão pela qual o ser desmentido é uma afronta tão grande, resolveu assim essa questão com seu discernimento usual: "Se atentarmos bem, o que é um mentiroso senão um homem que teme aos homens e que despreza a Deus?". De fato, mentir não é insultar ao próprio Deus e se inclinar covardemente diante dos homens? Finalmente, para dar uma ideia da enorme magnitude dos danos causados pela mentira e a falsidade diremos que esses vícios, preenchendo a medida das iniquidades humanas, serão como a trombeta que atrairá sobre os homens o julgamento de Deus, pois está escrito que quando Cristo retornar não encontrará boa-fé alguma sobre a Terra.

II – Da Morte

Os homens temem a morte como as crianças temem a escuridão e o que contribui para aumentar em uns e outros os terrores que experimentam são as histórias tenebrosas com as quais são iludidos. Não há dúvida de que as profundas meditações acerca da morte, considerada como consequência do pecado original e como passagem de ingresso na outra vida, constituem ocupação piedosa e saudável; o temor da morte, contudo, encarada como um tributo que é preciso pagar à natureza, é uma verdadeira debilidade. Até mesmo nas meditações religiosas sobre esse assunto há, por vezes, puerilidade e superstição. Por exemplo, em um desses livros com base nos quais os monges meditam visando à mortificação, lê-se o seguinte: "Se a menor ferida feita em um dedo pode causar dores tão vivas, que horrível suplício não deve ser a morte, que é dissolução ou a corrupção do corpo inteiro?". Conclusão absurda e desprezível, já que a fratura ou deslocamento de um só membro causa mais dores do que a própria morte, pois não são as partes essenciais à vida as mais sensíveis. É muito judiciosa a frase do escritor que disse, falando somente como filósofo e homem do mundo: *Pompa mortis magis terret quam mors ipsa.*[5] Com efeito, são os gemidos, as convulsões, a palidez das faces, a tristeza dos amigos, a desolação da família e o lúgubre aparato dos funerais que tornam a morte tão terrível.

Convém observar a esse propósito que não há no coração humano paixão alguma tão débil que não possa se sobrepor ao temor da morte. A morte não é, pois, um inimigo tão formidável na medida em que o homem tem sempre em si mesmo recursos para vencê-la. O desejo de vingança triunfa sobre ela, o amor a despreza, a honra a deseja, o desespero a elege como refúgio, o medo a apressa e a fé a abraça com uma espécie de gozo. E mais: podemos ler[6] que depois do imperador Otão ter se dado a morte, a compaixão, que é o mais débil dos sentimentos humanos, determinou que alguns que lhe eram mais afeiçoados seguissem seu exemplo, resolução – repito – tomada por pura compaixão para com seu chefe e como única digna de seus partidários. A essas causas junta Sêneca o agastamento, a saciedade e o pesar: *Cogita quamdiu eadem feceris; mori velle non tantum fortis aut miser, sed etiam fastidiosus potest.*[7]

Um fato igualmente digno de atenção é a escassa alteração que a proximidade da morte produz na alma firme e generosa de certas pessoas que não contradizem suas vidas passadas nem mesmo nesses momentos derradeiros. Por exemplo, as últimas palavras de César Augusto foram uma espécie de cumprimento: *Livia, conjugii nostri memor, vive et vale.*[8] Tibério, todavia, segundo Tácito, dissimulava em seus últimos momentos: *Jam Tiberium vires et corpus, non dissimulatio, deserebant.*[9] Vespasiano morreu fazendo troça de si mesmo: *Ut puto, deus fio.*[10] As últimas palavras de Galba foram uma sentença: *Feri, si ex re sit populi romani,*[11] ditas por ele ao mesmo tempo que apresentava o pescoço ao seu assassino. Septímio Severo morreu despachando um assunto: *Adeste, si quid mihi restat agendum.*[12] E o mesmo poder-se-ia dizer de muitos outros personagens.

Os estoicos se empenhavam em estimular os homens a desprezar a morte, de modo que seus preparativos contribuíam para torná-la mais imponente. Prefiro aquele que disse *qui finem vitae extremum inter numera ponat naturae.*[13] É tão

5. O escritor é Sêneca: "A pomposidade da morte é mais terrível que a própria morte".

6. Em *Vidas paralelas,* de Plutarco.

7. "Pensa no fastio de fazer durante muito tempo o mesmo e verás que não só o valente ou o desesperado, como também o enfastiado pode desejar a morte." (Sêneca)

8. "Adeus, Lívia, que fiques bem e não te esqueças de nossa união."

9. Diz Tácito: "Já as forças físicas abandonavam a Tibério, porém nem assim deixa de dissimular sua morte."

10. "Creio estar me convertendo em um deus."

11. "Corta, se crês ser isso útil ao povo romano."

12. "Aproxima-te e examinemos o que me resta por fazer."

13. Ou seja, Juvenal, que encarava o desfecho da vida como um dom da natureza.

natural morrer como nascer e talvez o homem sofra mais ao nascer do que ao morrer. Aquele que morre em meio a uma empresa com a qual está profundamente ocupado sente a morte da mesma maneira que o guerreiro que é ferido mortalmente no calor de uma batalha. A vantagem característica de todo grande bem ao qual se aspira e que faz a alma plena é suprimir o sentimento da dor e da própria morte. Mas afortunado, mil vezes afortunado, é quem, estando devotado a um objetivo verdadeiramente digno de suas esperanças e de sua atenção, pode, ao morrer, cantar como Simeão: *Nunc dimittis* etc. Outra vantagem da morte é abrir para o grande homem o templo da fama e extinguir ao mesmo tempo a inveja. *Esse mesmo homem*, diz Horácio, *a quem todos invejam tão logo cerra os olhos será de todos querido: Extinctus amabitur idem.*

III – Da Unidade Religiosa

Sendo a religião o principal laço da sociedade humana, esta mesma sociedade deveria desejar que a religião se fortalecesse através dos estreitos vínculos da verdadeira unidade. As dissenções e os cismas em matéria de religião constituíam uma calamidade desconhecida pelos pagãos. A razão dessa diferença está em que o paganismo era composto mais de ritos e cerimônias relativas ao culto dos deuses do que de dogmas positivos e crenças fixas. Fácil adivinhar o que podia ser a fé dos pagãos observando simplesmente que sua Igreja tinha por doutores apenas poetas. Porém, o verdadeiro Deus tem como atributo ser *ciumento*, pelo que seu culto não admite mistura ou parceria. Cremos, pois, poder nos permitir algumas reflexões a respeito do importante assunto da unidade da Igreja e trataremos de responder satisfatoriamente a estas três perguntas: Quais seriam os frutos da unidade religiosa? Quais são seus verdadeiros limites? Quais os meios para que se estabelecesse?

Quanto aos frutos dessa unidade, além de agradar a Deus, o que deve ser a principal meta da vida e o objetivo dos objetivos, buscaria duas vantagens principais: uma para os que estão agora fora da Igreja e outra para os que já se encontram em seu seio. É forçoso dizer, no que tange aos primeiros, que o maior de todos os escândalos possíveis e, indubitavelmente, o mais manifesto, é o dos cismas e das heresias: escândalo pior que o originado pela corrupção dos costumes, pois nesse sentido sucede ao corpo espiritual da Igreja o mesmo que sucede ao corpo humano, no qual um ferimento e uma solução de continuidade são frequentemente um mal menos perigoso que a corrupção das maneiras, de forma que não há motivo mais poderoso para afastar da Igreja os que estão fora de seu seio e para dela desterrar os que acham sob seu domínio do que os ataques dirigidos contra a unidade.

Por isso, quando os sentimentos estão excessivamente divididos, ouve-se gritar a uns: *Ecce in deserto* (vede no deserto), e dizer a outros: *Ecce in pene-*

tralibus (olhai no santuário), isto é, quando uns buscam a Cristo nos conciliábulos dos heréticos e os outros na face exterior da Igreja. Então é o momento que se deve ter constantemente na memória aquela frase das Santas Escrituras: *Nolite exire* (guardai-vos de sair).[14] O apóstolo dos gentios, cujo ministério e vocação eram especialmente consagrados a introduzir na Igreja os que se achavam fora de seu seio, assim se expressava: "Se os pagãos ou os não iniciados entrassem na vossa igreja e os ouvissem falar diversas línguas, não os tomariam por loucos?".[15] Certamente os ateus não se escandalizam menos quando se os atordoa com o ruído das disputas e controvérsias sobre a religião, sendo isto que os afasta da Igreja e os induz a *zombar das coisas santas*. Ainda que um assunto tão sério como este pareça excluir toda classe de epigramas ou de gracejos, não posso me furtar a referir aqui um traço de tal natureza que pode fornecer uma justa ideia dos maus efeitos das disputas teológicas. Um mestre do escárnio[16] inventou no catálogo de uma biblioteca imaginária um livro com o seguinte título: *Piruetas e macaquices dos hereges*. Com efeito, não há seita que não tenha alguma atitude ridícula e alguma puerilidade que lhe seja própria e a caracterize, extravagâncias que, chamando a atenção dos incrédulos e dos políticos depravados, fomentam seu desprezo e lhes dão base para zombar e ridicularizar os sagrados mistérios.

Com relação aos que já se acham no seio da Igreja, os resultados que podem obter da unidade desta estão compreendidos no gozo da paz que lhes proporciona, o qual encerra uma infinidade de bens inestimáveis, estabelecendo e afirmando a fé e avivando o fogo divino da caridade. Além disso, a paz da Igreja parece destilar nas consciências e nestas faz reinar essa serenidade que apresenta no exterior. Enfim, tal paz transforma esse afã de escrever e ler controvérsias ou polêmicas religiosas no apego aos tratados que encerram sentimentos humildes e piedosos.

Discursando sobre os limites dessa unidade religiosa, importa antes de tudo determiná-los bem, posto que se pode incorrer em dois extremos: uns, animados de falso zelo, repelem toda palavra tendente à pacificação. "Vens pela paz? E disse Jeú: Que tens tu que ver com a paz? Passa atrás de mim."[17] É que não lhes interessa a paz, mas o partido e a seita que sustentam. Outros, ao contrário, semelhantes aos laodiceus, mais tíbios em matéria de religião, e imaginando poder mediante componendas e proposições medianas conciliar com artifícios até os pontos mais contraditórios, dão a entender por essa

14. *Mateus*, capítulo XXIV, versículo 26.

15. *São Paulo, Epístola aos Coríntios*, I, XIV, 23.

16. Rabelais.

17. Velho Testamento, *Reis* II, capítulo IX, versículo 18.

conduta que pretendem ser mediadores entre Deus e os homens. Porém, é necessário evitar igualmente esses dois extremos, o que se conseguirá explicando e determinando de maneira clara e inteligível a todos em que consiste essa aliança, cujas condições o Salvador do mundo estipulou por meio de duas sentenças ou orações que à primeira vista se afiguram contraditórias: "O que não está conosco está contra nós: o que não está contra nós está conosco"; ou seja, que é mister ter cuidado no sentido de separar e distinguir bem os pontos fundamentais e essenciais da religião daqueles que só podem ser vistos como opiniões verossímeis e como simples apreciações que têm por objeto a ordem e disciplina da Igreja. Alguns de nossos leitores acreditarão, talvez, que tudo que fazemos aqui é lidar novamente com um assunto trivial e já resolvido; entretanto, os que assim pensam incorrem em erro, visto que se distinções tão necessárias tivessem sido realizadas com maior imparcialidade, teriam sido mais geralmente adotadas.

Limitar-me-ei com respeito a essa importante matéria a tecer algumas considerações proporcionais à minha modesta inteligência. Há duas espécies de controvérsias que podem fragmentar o âmago da Igreja e precisam ser igualmente evitadas: uma ocorre quando o ponto que constitui a questão é frívolo e destituído de importância, não merecendo, por conseguinte, que se trave por ele acalorada disputa, a qual só é realizada por espírito de contradição. Como observou um dos Pais da Igreja:[18] "A túnica de Cristo não tinha costuras, enquanto a veste da Igreja era de diversas cores"; pelo que indica o seguinte preceito: "Que haja variedade nessa veste, mas que não haja cisões" pois unidade e uniformidade são duas coisas muito diferentes. O outro gênero de controvérsia tem lugar quando o ponto controvertido da questão, sendo importante, é obscurecido à força de sutilezas, de sorte que nos argumentos apresentados por uma e outra parte se encontram mais engenhosidade e astúcia do que substância e solidez. Frequentemente acontece que quando um homem dotado de discernimento e perspicácia ouve a disputa de dois ignorantes, se dá conta em seguida de que no fundo eles detêm a mesma opinião, e que só discordam nas expressões, ainda que ambos, abandonados a si mesmos, não logrem se entender por falta de uma boa definição. Mas, se apesar da ínfima diferença que se pode encontrar entre os juízos humanos, um homem pode ter bastante vantagem sobre outros para fazer-lhes uma observação que os concilie, é muito natural crer que Deus, que penetra todos os corações e lê todos os entendimentos, vê ainda mais amiúde uma mesma opinião em duas afirmações nas quais os homens, cujo juízo é tão débil, veem dois pareceres diferentes e que Ele se digne a dispensar a ambos sua aceitação. São Paulo nos dá uma justa ideia

18. Santo Agostinho, expoente da filosofia patrística.

das controvérsias desse gênero e de seus efeitos na advertência e no preceito que oferece com esse mesmo motivo: *"Devita profanas vocum novitates, et oppositiones falsi nominis scientiae."*[19]

Os homens geram para si mesmos motivos de disputa que não se originam nem se fundam senão no excessivo apego ao uso de novos termos, cujo significado se fixa de sorte que em lugar de as palavras serem ajustadas ao pensamento, é este que indevidamente se ajusta às palavras.

Há também duas espécies de paz e de unidade que devem ser vistas como falsas: uma é a que tem por fundamento uma ignorância implícita, já que todas as cores se igualam, ou expressando-se melhor, confundem-se na escuridão; a outra é a que se baseia no assentimento direto, formal e positivo de duas opiniões contraditórias acerca de pontos essenciais e fundamentais. A verdade e o erro podem ser comparados, em tópicos dessa natureza, ao ferro e ao barro de que eram compostos os dedos dos pés da estátua que Nabucodonosor viu em sonhos: é possível que se logre sua adesão, mas impossível sua liga.

Quanto aos meios e disposições a serem utilizados para obter essa unidade, jamais devem os homens se esforçar para estabelecê-la e sustentá-la até o extremo de ter de se esquecer das leis da caridade ou de qualquer outra lei fundamental da sociedade humana. Há entre os cristãos dois tipos de espadas, uma espiritual e outra temporal, e tendo cada uma delas sua função e lugar especiais, devem ser convenientemente empregadas na manutenção da religião; porém, em nenhum caso se deverá lançar mão da terceira espada, a de Maomé; ou, dizendo-o diferentemente, em nenhum caso será preciso propagar a religião pela força das armas, nem violentar as consciências por meio de perseguições sangrentas, a menos que se tenha de administrar escândalos manifestos, blasfêmias ou alianças e conspirações contra o Estado. Muito menos ainda se deve tomar a religião como pretexto para fomentar sedições, autorizar conjurações ou promover revoltas, pondo armas nas mãos do povo, ou utilizando qualquer outro meio dessa natureza, que tenda à subversão de todo governo, que é a ordenação de Deus. Empregar esses meios odiosos é pôr em contradição as tábuas da lei[20] e, por considerar os homens como cristãos, esquecer que são homens. O poeta Lucrécio, visando a reprovar a ação de Agamenon, que pôde suportar a imolação de sua própria filha, exclama: *Tantum religio potuit suadere malorum.*[21] E que teria dito das carnificinas da França[22] ou da traição

19. "Evita neologismos profanos bem como as polêmicas pseudocientíficas de meras palavras."

20. O Pentateuco: *Êxodo*, capítulo XXXII, versículos 15 e 16; capítulo XXXIV, versículos 1 a 5 e 29.

21. "Tão hedionda atrocidade pôde ser inspirada pela religião!"

22. A alusão é à tristemente célebre "Noite de São Bartolomeu", ou seja, a matança sistemática de protestantes que se iniciou em Paris durante a madrugada de 24 de agosto de 1572 e se espalhou por toda a França.

da pólvora[23] na Inglaterra, se tais atentados tivessem sido perpetrados em seu tempo? Teriam-no tornado sete vezes mais epicuriano e ateu do que era.

No próprio caso de sermos obrigados a empregar a espada a serviço da religião, dever-se-á operar com a maior circunspecção e prudência, sendo abominável pôr essa arma nas mãos do populacho. Deixemos tais meios aos anabatistas e a outras fúrias. É certo ter o demônio pronunciado uma grande blasfêmia quando disse: *Erguer-me-ei e serei semelhante ao mais Excelso*; contudo, é maior blasfêmia apresentar-se a Deus lhe dizendo: *Descerei e me farei semelhante ao príncipe das trevas.* Será um sacrilégio mais escusável degradar a causa da religião ao extremo de reduzi-la ao aconselhamento ou cometimento de atentados tão execráveis como os que mencionamos, assassinatos de príncipes, massacres de povos e subversão de governos etc.? Não seria isso fazer descer o Espírito Santo não como pomba mas como abutre ou corvo e içar sobre a pacífica nave da Igreja o odioso estandarte que hasteiam em seus navios os piratas e os assassinos? É, pois, absolutamente necessário que se armando a Igreja de sua doutrina e seus augustos decretos, armando-se os príncipes de suas espadas e os sábios do caduceu da teologia e da filosofia moral, se congreguem todos para condenar e entregar para sempre ao fogo do inferno toda ação desse jaez e toda doutrina que tenda a justificá-la, o que é cabalmente o que já foi feito em grande parte. Ninguém duvida que em toda deliberação acerca da religião deve-se ter muito presente este conselho do apóstolo: *Ira hominis non implet justitiam Dei.*[24]

E é uma observação memorável de um dos sábios Santos Padres: *Aqueles*, diz, *que asseveram que se devem violentar as consciências, nisto estão interessados em função de seus próprios fins.*

IV – Da Vingança

A vingança é uma espécie de justiça selvagem, que quanto mais flui a natureza humana, mais deve a lei extirpar, porque se é certo que o primeiro erro ou o primeiro delito ofende a lei, também é que a vingança a destitui e ocupa seu lugar. Se observarmos detidamente, a vingança iguala o homem aos seus inimigos, enquanto o perdão o torna muito superior a eles; perdoar é uma prerrogativa dos príncipes: *A verdadeira glória do homem*, disse Salomão, *é desconsiderar as ofensas.* O passado deixou de existir, é irrevogável, e os sábios já têm o suficiente para pensar com as coisas presentes e futuras. Assim, pois, ocupar-se muito do passado é perder tempo e atormentar-se inutilmente.

23. Em 5 de novembro de 1605 o Parlamento inglês foi aos ares pelo uso de alguns barris de pólvora e graças à trama dos católicos ingleses, que ficou conhecida como a *Conspiração da Pólvora.*

24. *São Tiago*: "A ira do homem não pode cumprir a justiça de Deus".

Ninguém faz uma injúria pela injúria, mas sim porque espera desta extrair algum prazer, proveito, honra ou coisa semelhante. Portanto, que razão há para zangar-se com outro homem por ele amar mais a sua pessoa do que a nossa? E até supondo um indivíduo de tão má índole a ponto de nos ofender sem finalidade alguma e por pura maldade, por que nos aborrecer? Semelhante homem seria, ao menos em aparência, de natureza idêntica a dos espinhos e das sarças que picam e arranham porque não podem fazer outra coisa.

O gênero de vingança mais tolerável é o que tem por objetivo castigar injúrias que escapam à ação das leis; porém, de qualquer maneira, que se exerça a vingança prudentemente, de modo que não se atraia a punição da lei, nem se dê ao inimigo o mesmo direito com o qual cremos estar obrando, pois então estaremos sujeitos a receber dois golpes por cada um que aplicarmos. Há pessoas que desprezam a vingança secreta e desejam que seu inimigo saiba de onde lhe assestam o tiro; esse tipo de vingança é certamente o mais generoso porque se pode crer que se a ofensa é vingada, é menos por desfrutar o prazer da vingança e de restituir o golpe do que incitar o ofensor ao arrependimento; entretanto, os golpes de uma alma covarde e desleal se assemelham às setas disparadas na escuridão. Uma frase de Cosme de Médicis, duque de Florença, a respeito dos amigos desleais e negligentes, tem um não sei que de austero e desolador pois as faltas dessa espécie lhe parecem imperdoáveis. *A lei divina*, dizia, *nos ordena perdoar nossos inimigos, mas não nos ordena perdoar nossos amigos*. Mas ainda assim Jó se expressava em tom mais animador: *Não devemos a Deus todos os bens de que gozamos? Não devemos aceitar de suas mãos todos os males que nos afligem?* Esse mesmo juízo deve ser formado dos amigos que nos abandonam ou nos traem. Quem medita uma vingança se limita a reproduzir a chaga que o tempo por si só havia fechado.

As vinganças públicas são quase sempre afortunadas como o revelou os resultados das conspirações formadas para vingar a morte de Júlio César, a de Pertinax e a de Henrique III, rei de França e outras mais; porém o mesmo não ocorre com as vinganças particulares. E mais: os homens vingativos têm uma vida semelhante a dos feiticeiros, que começando por produzir muitos infelizes, acabam eles mesmos infelizes.

V – Da Adversidade

Um dos mais belos pensamentos de Sêneca,[25] no qual se encerra uma grandeza e elevação bem à maneira dos estoicos, é este: *Os bens da prosperidade são para serem desejados, mas os bens que dizem respeito à adversidade são para serem admirados. (Bona rerum secundarum optabilia; adversarum mira-*

25. Sêneca, mestre e assessor de Nero. Suicidou-se por ordem deste.

bilia). Seguramente, se os prodígios superam a natureza, é na adversidade que mais se manifestam. Outro pensamento, contudo, ainda mais elevado do que o anterior, e que se afigura demasiado elevado a um pagão, é este: *É verdadeiramente grandioso ver reunidas em um mesmo indivíduo a debilidade de um homem e a fortaleza de um Deus (Vere magnum habere fragilitatem hominis, securitatem Dei).* Esse pensamento estaria em melhor posição na poesia, gênero ao qual pertencem essas ideias tão transcendentes; e a verdade é que os poetas disso se ocuparam, pois essa mesma fortaleza, de fato, figura em uma ficção bastante estranha dos antigos, ficção que encerra algum mistério e que se vincula conspicuamente a uma disposição de alma muito análoga à do autêntico cristão, ... que *Hércules na sua tarefa de libertar Prometeu* (o qual representa a natureza humana) *cruzou o grande oceano em um pote ou cântaro de barro:* alegoria que retrata muito vivamente essa resolução cristã que faz o homem navegar na frágil embarcação da carne pelas vagas do mundo.

Mas para usar uma linguagem menos elevada, digamos simplesmente que a virtude característica da prosperidade é a temperança e a virtude própria da adversidade é a fortaleza, a mais heroica das virtudes morais. A prosperidade é a bênção do Velho Testamento e a adversidade é a que propõe o Novo, como portadora da bênção maior e da revelação mais transparente do favor divino. Ainda assim, no Velho Testamento, se ouvires a harpa de Davi, escutarás tanto árias lúgubres quanto cânticos jubilosos, e a pena do Espírito Santo foi mais laboriosa em descrever as aflições de Jó do que as ditas de Salomão. A prosperidade não acontece sem muitos temores e desagrados tanto quanto a adversidade sem consolos e esperanças. Vemos nos bordados e tapeçarias que um tema alegre sobre um fundo melancólico e escuro é mais agradável que um tema triste sobre um fundo claro e alegre. Por isso julgamos o prazer do coração por aquele dos olhos. Certamente, a virtude é como as substâncias aromáticas, as quais trituradas ou incineradas (como incenso) apresentam maior fragrância, exalam um perfume mais suave; e a prosperidade descobre melhor os vícios e a adversidade, as virtudes.

VI – Da Simulação e Da Dissimulação

A dissimulação é apenas uma espécie tênue de sagacidade diplomática ou sabedoria, pois se requer, simultaneamente, grande força de espírito e de caráter para saber quando convém dizer a verdade e ousar revelá-la. Assim, a espécie pior de políticos é constituída pelos grandes dissimuladores.

Lívia – diz Tácito – *se enquadrava muito bem com a arte política de seu esposo e com a dissimulação de seu filho*, do que se infere que Tácito atribui a arte política ou diplomacia a Augusto e a dissimulação a Tibério. Também Múcio diz a Vespasiano, estimulando-o a tomar armas contra Vitélio: *Não temos que lutar contra o percuciente discernimento de Augusto, nem contra a extrema cautela ou reserva de Tibério.* As faculdades que produzem a verdadeira arte política ou diplomacia são muito distintas daquelas de que dependem a reserva e a dissimulação, e não devem ser confundidas umas com as outras, pois quando um homem tem perspicácia e discernimento para compreender facilmente o que deve se descobrir, o que deve se ocultar, o que deve apenas se entrever e para quem e em que ocasiões (o que constitui, realmente, a arte do homem de Estado e a arte de viver, como as chama Tácito) raramente se verá obrigado a fingir, o hábito da dissimulação sendo para ele tão só embaraço e tacanhez que amiúde dificultariam seus desígnios; mas se um homem é incapaz desse discernimento, é necessário que saiba ser reservado e dissimulado.

Quando um homem não consegue variar seus meios nem escolher os mais adequados, convém trilhar o caminho mais seguro, pois os que têm vista fraca devem caminhar sem precipitação. Certamente os indivíduos mais capazes têm uma maneira franca e aberta de tratar, à qual devem sua reputação de retidão e sinceridade; mas semelhantes aos cavalos bem adestrados, sabem parar e volver quando convém e nos raros casos nos quais há necessidade de dissimulação, se a empregam, acontece que a primeira opinião, difundida no exterior, de sua franqueza e boa-fé, os torna quase impenetráveis.

Há três modalidades desse ocultar e velar o eu natural de uma pessoa. A primeira consiste na reserva, na discrição e no segredo: é quando um homem jamais faz referência a si ou não se deixa adivinhar. A segunda consiste em um gênero de dissimulação que tenho como negativo: é quando um homem utilizando certos sinais e argumentos consegue apresentar-se totalmente distinto do que ele é na realidade, ou seja, leva a crer que ele não é o que ele é. A terceira é a simulação positiva, que é quando um homem expressamente finge e diz com toda a formalidade ser o que não é.

A primeira dessas modalidades, o segredo, é realmente a virtude de um confessor e, de fato, o homem de reserva ouve muitas confissões, pois quem se abrirá com um intrigante ou um tagarela? Mas se um homem é tido como discreto e mantenedor de segredos, isto atrairá que com ele se abram, à maneira que a câmara de ar fechado aspira o ar livre. Como a confissão não é para proveito mundano, mas para o alívio de um coração humano, ocorre que o homem discreto e conhecido como tal sabe de muitas coisas que lhe são ditas mais por desejarem se livrar de uma carga de pensamentos do que para compartilhá-los e dá-los a conhecer. Em poucas palavras, segredos exigem reserva. Ademais, a nudez da alma não é menos indecorosa do que a do corpo, sendo conveniente para evitá-la um pouco de reserva e circunspecção nas maneiras e nas ações, com o que se obtém o acato dos estranhos. Por outro lado, os palradores e os fúteis são geralmente vãos e ingênuos e com igual facilidade dizem o que sabem e o que não sabem. Assim deve-se ter como certo que o hábito do segredo é tanto político quanto moral; e nesse sentido é bom que a fisionomia não revele o que a língua quer manter oculto, pois constitui grande debilidade deixar-se conhecer pelas expressões do semblante e a indiscrição, já que esses sinais são observados mais cuidadosamente e se lhes confere mais crédito do que às palavras de um homem.

No tocante à segunda modalidade de dissimulação, aquela que chamamos de negativa, é frequentemente a consequência natural e necessária da discrição, de tal sorte que todo homem que quer ser reservado tem de dissimular algo. Os homens são bastante astuciosos para não permitir ao mais reservado que este se mantenha inteiramente indiferente entre dois partidos opostos, que conserve perfeitamente em segredo sua opinião e que tenha a balança sem inclinar-se para um lado ou outro. Quando querem penetrar no coração de um homem o cercam de indagações insidiosas, o tentam por todos os flancos, retomam o ataque reiteradamente, o encurralando e obrigando de tal modo que, a menos que insista em manter um silêncio absurdo, [obstinado e suspeito], cedo ou tarde se vê na necessidade de desolcultar-se um pouco, franqueando-lhes com suas respostas o caminho que buscam. Se opta por calar-se, penetram seus sentimentos mais secretos através de seu próprio silêncio com maior presteza do que o fariam através de seus discursos; quanto às respostas ambíguas, semelhantes às dos oráculos, não são úteis por muito tempo e, por fim, é preciso explicar-se com maior clareza. É, portanto, impossível guardar por muito tempo um segredo sem usar-se um pouco de dissimulação, que neste caso, como dissemos antes, não será senão uma consequência da própria discrição.

No que respeita à terceira modalidade ou grau, que consiste em simulação (encobrimento positivo) e artifício, é o mais culpável e menos político, exceto em assuntos de grande importância e raros. Por conseguinte, quando se converte em hábito de simulação (que é este último grau) constitui um vício, oriundo de falsidade natural ou timidez de caráter, ou de uma mente detentora de alguns defeitos capitais. E esse defeito acompanhado da necessidade de disfarçá-lo leva a empregar-se amiúde tal fingimento nas demais coisas, seja por conveniência ou qualquer outro propósito, seja somente para não perder o hábito de seu próprio emprego.

São três as vantagens da simulação e da dissimulação. A primeira é obter confiança dos opositores e surpreendê-los; quando as intenções de um homem são de conhecimento público, esse descobrimento serve de aviso aos seus adversários e os faz acudir para entorpecê-lo ou retardá-lo em seu caminho. A segunda vantagem consiste em reservar a alguém uma retirada, pois aquele que se compromete mediante uma declaração pública, se obriga, de alguma forma, a não retroceder sob pena de prejudicar sua reputação. A terceira é descobrir mais facilmente os propósitos dos outros, pois quando um homem parece manifestar-se confiadamente, não é objeto de oposições frontais, permitindo-lhe que avance tudo o que deseja e, em troca de suas expressões, que se afiguram francas e espontâneas, se lhe transmite voluntariamente o que quer saber. É a propósito um adágio espanhol que não deixa de ser gracioso: *Dí atrevidamente una mentira, y arrancarás una verdad* (Diz atrevidamente uma mentira e obterás uma verdade), como se não houvesse outro meio salvo a simulação para realizar esses descobrimentos.

Entretanto, existem também três desvantagens que produzem uma neutralização. A primeira é que a simulação e a dissimulação geralmente carregam consigo uma demonstração de medo, o que em quaisquer negócios produz um desvio da meta ou retarda o seu atingimento. A segunda é que confunde e produz pasmo no espírito de muitos, que talvez pudessem, se assim não fosse, cooperar e faz um homem caminhar quase sozinho rumo aos seus próprios objetivos. A terceira e maior desvantagem é que priva um homem de um dos principais instrumentos de ação, que é a confiança e crença que nele os outros depositam. O melhor meio e a melhor composição nesse tipo de conduta seria aliar a uma reputação de franqueza o hábito da discrição e capacidade de dissimular, quando necessário, e ainda a de fingir, na falta de outro recurso.

VII – Dos Pais e Filhos

As alegrias dos pais são secretas, bem como suas angústias e temores. Não podem expressar suas alegrias, como não expressarão suas angústias e temores. As crianças suavizam os labores mas tornam as desventuras paternas e maternas mais amargas; fazem aumentar os cuidados da vida, embora mitiguem a recordação da morte. A perpetuação da espécie pela prole é comum a todos os animais (inclusive o homem), porém a memória, a reputação e as obras nobres são exclusividades do homem. Certamente as obras e instituições mais nobres se devem a homens sem filhos que buscaram nelas expressar as imagens de suas almas quando as de seus corpos não obtiveram êxito. Assim, o zelo pela posteridade se mostra presente majoritariamente naqueles que não a possuem. Aqueles que são os primeiros a criar descendentes em suas casas ilustres são na maioria indulgentes com seus filhos, considerando-os não só a continuação de sua estirpe como também de suas obras: encaram-nos tanto como sua prole quanto como suas criaturas.

Os pais que têm vários filhos raramente dedicam a todos igual carinho: há sempre alguma predileção, por vezes injusta, sobretudo por parte das mães; daí a sentença de Salomão: *Um filho sábio é motivo de regozijo para seu pai, porém um mau filho é motivo de vergonha para sua mãe.* Também se observa nas famílias numerosas que os pais têm mais consideração pelos primogênitos, sendo o caçula o deleite da casa, enquanto os filhos do meio permanecem como que esquecidos, ainda que ordinariamente se portem melhor que os outros.

A mesquinhez dos pais que entesouram para os filhos é um erro nocivo que os envilece, que os incita a enganar e os induz a cultivar más companhias; posteriormente, quando se tornam proprietários de seu patrimônio se dedicam à dissipação e aos luxos excessivos. E, portanto, o comportamento mais judicioso que os pais podem adotar nesse ponto com relação a seus filhos consiste mais em preservar sua autoridade de pais do que a bolsa.

Há um costume bastante tolo (entre pais, professores e serviçais) que é criar e alimentar uma emulação entre os irmãos (durante a infância) que degenera em discórdia quando se tornam adultos e que perturba a harmonia das famílias.

Os italianos tratam quase que indiscriminadamente filhos, sobrinhos e parentes próximos e desde que sejam do mesmo sangue, não se importam se o são por linhagem direta ou colateral. E a verdade é que a natureza não estabelece relativamente a isso muita diferença e não é raro vermos indivíduos que se parecem mais com seus tios ou outros parentes próximos do que com seus próprios pais, o que tem a ver com o sangue.

Que os pais escolham cedo as vocações e os caminhos que queiram que seus filhos trilhem, enquanto estes estão na tenra idade e são dóceis. Não é absolutamente necessário ajustar essa escolha às propensões naturais descobertas nas crianças, supondo que se adiantarão mais no sentido ao qual parecem inclinados; contudo, se se percebe nelas algumas aptidões e facilidades extraordinárias, é preciso estimular então suas tendências, em lugar de contrariá-las. Mas, falando em termos gerais, o preceito mais judicioso acerca desse assunto é o seguinte: *Optimum elige, suave et facile illud faciet consuetudo* (Escolhe sempre o melhor e o hábito se encarregará de torná-lo fácil e agradável).

Os irmãos mais jovens são geralmente afortunados, mas raramente ou nunca quando os primogênitos são deserdados em seu favor.

VIII – Do Casamento e Do Celibato

Aquele que tem esposa e filhos é como se tivesse oferecido reféns à fortuna, pois estes representam impedimentos às grandes empresas, quer virtuosas ou viciosas. Por certo as melhores obras e as mais meritórias em favor do público se originaram de homens solteiros e sem filhos, os quais tanto em afeto quanto em recursos se casaram com o público e a ele se doaram. Entretanto, parecerá amiúde que aqueles que têm filhos deveriam dedicar-se com grande solicitude ao tempo vindouro, ao qual devem transmitir suas promessas mais caras; e se veem, com efeito, muitos celibatários cujos pensamentos se voltam explicitamente para sua única pessoa, e que olham como injustificados os cuidados e desvelos que outros assumem por uma época na qual não existirão.

Há outros que consideram mulher e filhos tão só como contas a pagar e também há alguns homens ricos, tolos e cobiçosos que se vangloriam de não ter filhos e que se comprazem em parecer assim detentores de maior fortuna, porque talvez tenham ouvido dizer a alguma pessoa: *Fulano é um homem muito rico* e outra responder: *Sem dúvida, mas tem muitos filhos*, como se isto diminuísse consideravelmente seu capital.

Todavia, a causa mais comum do celibato é a liberdade, especialmente no caso de certos espíritos caprichosos enamorados de si mesmos, que são tão sensíveis a toda sorte de restrição que estariam dispostos a considerar como grilhões e correntes os próprios cintos e ligas. Homens solteiros são melhores amigos, melhores mestres, melhores serviçais, mas nem sempre os melhores súditos, pois se esquivam com facilidade, sendo, sem dúvida, por isso que há entre eles muitos propensos à misantropia.

O celibato convém aos eclesiásticos porque a caridade dificilmente regaria a terra se tivesse primeiramente de encher um regato próprio. Quanto aos juízes e magistrados, é indiferente se contraem ou não matrimônio, pois se forem complacentes e corruptos tereis um servidor cinco vezes pior do que uma esposa. No que tange aos soldados, vejo na história que quando os generais discursam para animá-los no combate, recordam-lhes sempre o porvir de suas mulheres e de seus filhos. Assim poder-se-á crer diante disso que o menosprezo do matrimônio é entre os turcos o que envilece o soldado comum.

Com certeza esposa e filhos são, por assim dizer, uma escola de humanidade, e os celibatários, ainda que mais caritativos em muitas ocasiões visto que seus recursos são menos exauridos, por outro lado são mais cruéis, mais duros (bons para se tornarem inquisidores severos), já que sua ternura é raramente solicitada. Homens caracterizados por uma natural gravidade, guiados pelos costumes, e portanto estáveis, são, via de regra, maridos amorosos, como se diz de Ulisses, o qual preferiu sua mulher, já velha, à imortalidade: *Vetulam suam praetulit immortalitati.*

Ocorre com frequência que as mulheres castas, cientes do mérito de sua castidade, são orgulhosas e petulantes. Uma mulher só é ordinariamente fiel, casta e submissa ao seu esposo quando o crê sábio, e não o será se o considerar ciumento. As esposas são as rainhas dos jovens, as companheiras dos adultos e as enfermeiras dos velhos, de modo que nunca falta pretexto para tomar-se uma mulher, quando se pensa dessa maneira. A despeito disso, os antigos classificaram como sábio aquele que, indagado sobre a idade em que se deveria casar, respondeu: *Quando se é jovem, ainda não é tempo e quando se atinge a velhice é tarde demais.*

Nota-se também que os piores maridos são, com frequência, os que têm as melhores esposas, o que deve ser explicado pelo seu temperamento habitualmente pouco receptivo às atenções e carícias conjugais, que só periodicamente dedicam às esposas, ou talvez as esposas encontrem motivo de orgulho em sua própria paciência; e isto é justamente o que sucede quando o mau marido foi sua exclusiva escolha e tomado contra a vontade da família, porque neste caso querem elas justificar sua loucura e não se apresentarem arrependidas.

IX – Da Inveja

De todas as paixões da alma, as duas únicas às quais se atribui o poder de fascinar e de enfeitiçar são o amor e a inveja. Ambas essas paixões têm por princípio desejos violentos e alimentam uma infinidade de ideias despropositadas e extravagantes. Uma e outra se comunicam pelos olhos e terminam por se conhecer neles: ambas as circunstâncias que podem contribuir para a fascinação, se é que os efeitos desse naipe que se atribuem à visão gozam de alguma realidade. Vê-se que as Escrituras chamam a inveja de *mau olhado* e os astrólogos qualificam de *maus aspectos* as influências malignas dos astros. Parece que a inveja, ao produzir seus perniciosos efeitos, opera pelos olhos e como por uma espécie de irradiação. As investigações nesse sentido chegaram ao ponto de observar que os golpes mais funestos para um invejoso são os que recebe quando a pessoa que é objeto da inveja triunfa e conduz sua glória à grande altura, o que aumenta certamente a intensidade da inveja, já que então as emanações da pessoa vítima da inveja saturam mais o ambiente exterior e ferem os olhos do invejoso.

Mas deixando essas curiosidades de lado (embora não indignas de serem tratadas no devido lugar), trataremos do que as pessoas invejam nas outras, de quais pessoas estão mais sujeitas a serem objeto da inveja e da diferença entre a inveja pública e a inveja privada.

Um homem não virtuoso sempre inveja a virtude alheia, pois os espíritos humanos sempre se alimentam do próprio bem e do mal alheio e quando carecem do primeiro desses alimentos, sustentam-se do segundo. E quem perdeu a esperança de atingir o grau de virtude que vê em outro, procurará colocá-lo ou aproximá-lo de seu próprio nível rebaixando a ventura alheia.

Todo homem muito ocupado e inquisitivo, ou seja, tendente a intrometer-se nos negócios de outro homem, é geralmente invejoso, visto que, como o trabalho empreendido com esse intrometimento é desnecessário para desempenhar melhor seus negócios, se é levado a crer que o prazer que encontra em bisbilhotar os negócios alheios resulta da ideia de observar as faltas, conhecer os ridículos e proporcionar-se com esse espetáculo uma espécie de diversão. A inveja é uma paixão inquieta e acossadora que obriga a caminhar pelas ruas e não permite que fiquemos em casa: *Non est curiosus quin idem sit malevolus.*[26]

Nota-se que homens que nascem nobres são invejosos em relação a homens jovens quando estes progridem, pois a distância que antes os separava lhes parece diminuir. Padecem de uma enfermidade visual, uma ilusão óptica: quando os outros avançam rapidamente, permanecendo eles imóveis ou a passo lento, têm a impressão de que estão retrocedendo.

As pessoas disformes, os eunucos, os velhos e os bastardos são invejosos, pois todo aquele que não tem como solucionar seu próprio problema fará o que puder para prejudicar os outros, a não ser se esses problemas ou defeitos forem de uma alma de natureza muito corajosa e heroica que pensa em fazer de suas falhas e carências naturais elementos de sua honra e aproveitando-os a seu favor queira passar por uma espécie de milagre, sendo um eunuco, um coxo etc... pessoas que realizaram grandes coisas como o eunuco Narsés e os aleijados Agesilau e Tamberlã.

O mesmo ocorre com homens que experimentam ascensão após calamidades e infortúnios. Descontentes com todos os seus contemporâneos, olham as desventuras alheias como uma redenção de seus próprios sofrimentos.

Aqueles que desejam ser os melhores em áreas demais em meio à leviandade e ávidos por glórias vãs são sempre invejosos. Encontram a cada passo motivos para a inveja, já que é impossível não haver alguém que os supere nas matérias que mais desejam conhecer. Este foi o caráter do imperador Adriano, que nutria inveja mortal dos poetas, pintores e escultores, em cujas artes ele desejava sobressair-se.

Por fim, a maioria dos homens tem inveja de seus parentes e colegas de trabalho e daqueles com quem foram educados, quando assistem a seu progresso e destaque. Olham a ascensão de seus êmulos como uma razão de censura que estabelece entre eles uma distância humilhante e que não se afasta de sua memória, pois a inveja redobra com o prestígio e a fama do invejado. Assim, a inveja de Caim em relação ao seu irmão Abel foi muito mais vil e perversa, já que por ocasião da aceitação de seu sacrifício (quando as oferendas de Abel foram preferidas às suas) não houve testemunho para isso.

Quanto aos que estão mais ou menos sujeitos a serem invejados, digamos o seguinte: em primeiro lugar, pessoas de extraordinário mérito que muito progridem são menos invejadas pois parece que suas fortunas lhes são devidas por seu merecimento e porque o que desperta geralmente a inveja são os galardões ou as liberalidades e não o pagamento de uma dívida. Ademais, a inveja está sempre ligada à comparação entre o invejoso e o invejado e, por conse-

26. "Não há curioso que não o seja por má intenção."

guinte, não havendo comparação não há inveja. Assim, os reis só são invejados por reis. Entretanto, nota-se que as pessoas indignas são mais invejadas, isto mais no princípio de seu sucesso do que na sequência deste, enquanto ocorre o oposto com as pessoas dignas e de mérito, as quais são mais invejadas na continuidade de seu sucesso e fortuna, visto que nesse período, embora seus méritos sejam os mesmos, não conservam o mesmo brilho, já que este é eclipsado pelos novos talentos.

Indivíduos de linhagem ilustre são menos invejados na sua ascensão, pois esta parece fazer justiça ao seu nascimento, como se não houvessem acrescido muito à sua fortuna original, e nisso a inveja se assemelha aos raios do sol que aquecem mais as escarpas e os precipícios do que as planícies e os grandes vales. E por razão idêntica, aqueles que progridem paulatinamente são menos invejados do que os que progridem subitamente e *per saltum*.

Os que fizeram acompanhar suas honras de grandes jornadas, labores, cuidados ou perigos estão menos expostos à inveja, porque se vê que essas honras custam-lhes muito, sendo, por vezes, objeto de lástima, caso em que a lástima substitui a inveja, pois a compaixão sempre cura a inveja. Observa-se que os políticos mais compenetrados e sóbrios queixam-se continuamente da vida que levam, entoando o *Quanta patimur*![27] – não que o sintam realmente, mas somente para embotar o gume da inveja, observação que, todavia, só se aplica aos que se acham sobrecarregados de negócios sem tê-los buscado voluntariamente, pois nada, pelo contrário, atrai tanto a inveja como essa ambiciosa e desnecessária absorção nos negócios. A melhor forma a ser utilizada para extinguir tal inveja é uma grande pessoa ceder o próprio posto aos subalternos, respeitando escrupulosamente todos os direitos e privilégios inerentes aos seus respectivos empregos. Através desse recurso, surgirão muitas proteções entre essa pessoa e a inveja.

Acima de todos, os que mais se expõem à inveja são aqueles que acompanham suas grandes fortunas de uma postura insolente e orgulhosa, parecendo jamais se sentirem satisfeitos salvo quando as ostentam seja por faustosa pompa, seja triunfando altivamente ante toda oposição e competição, enquanto os sábios preferirão deixar, deliberadamente, que os outros progridam nas coisas que para eles têm pouca importância. Em contrapartida, dispondo de grande fortuna de uma maneira franca e aberta (ou seja, sem arrogância e vãs glórias), atraem menos inveja do que se agissem de modo afetado e ladino; porque nesse segundo caso parece negar-se a fortuna e reconhecer-se não merecedores de seus favores, o que é para os estranhos um novo motivo para a inveja.

---

27. "Quanto sofremos!"

Finalmente, para que concluamos esta parte, como dissemos no início, visto que a ação invejosa encerra em si algo da feitiçaria, não há outra cura para a inveja a não ser a da feitiçaria, o que consiste em remover a sorte ou sortilégio (como o chamam) e transferi-la para outro indivíduo. Assim, os mais prudentes entre as personalidades de elevada posição têm o cuidado de fazer aparecer em cena alguém para quem desviam a inveja dirigida a eles próprios; por vezes a dirigem aos seus delegados e servidores, por vezes aos colegas, parceiros e assemelhados. Nunca lhes faltam indivíduos para desempenharem esse papel, visto que pessoas de natureza impetuosa e violenta existem de sobejo, audaciosas e ávidas de sucesso e poder e que desejam atingi-los a qualquer custo.

Agora, nos referindo à inveja pública, afirmamos que nela há algo de bom enquanto na privada não há nada de bom, isto porque a inveja pública é uma espécie de ostracismo que eclipsa os homens cuja grandeza se torna excessiva, e, portanto, constitui um freio também para os poderosos que os mantêm dentro de limites.

A inveja que os latinos designavam com a palavra *invidia* corresponde ao que nas línguas modernas atende pela palavra *descontentamento*, do que falaremos mais extensivamente ao tratar das *sedições*. É, nos Estados, uma doença infecciosa, pois como a infecção se espalha pelas partes sãs do corpo e as corrompem, a *invidia* (descontentamento geral), uma vez desencadeada, contamina até mesmo os melhores atos do governo, transmitindo-lhes um mau odor. Assim, ganha-se pouco em mesclar-se atos louváveis às ações odiosas que produziram tal odor. Essa conduta mista é um sinal de debilidade e de que se tem medo do descontentamento geral, semelhante também às doenças infecciosas, que atacam mais rápida e violentamente aqueles que as temem.

Essa inveja pública parece abater-se principalmente sobre os altos funcionários e ministros, mais do que sobre os reis e os próprios Estados. E eis aqui uma regra segura a respeito: se o descontentamento contra o ministro é muito grande, embora os motivos sejam leves, ou se é geral e se dirige a todos os ministros indistintamente, então esse descontentamento abarca em verdade, ainda que ocultamente, todo o Estado. E basta no que tange à inveja pública ou descontentamento e sua diferença da inveja privada, a qual foi tratada primeiramente.

Mas findaremos acrescentando uma observação geral sobre a inveja, a saber: que de todas as paixões humanas, ela é a mais contínua e obstinada, enquanto as outras só ocorrem em certas ocasiões, de tempos em tempos e em razão de causas acidentais que as estimulam e provocam. Com razão se afirmou que a inveja é incansável, que não tira férias: *Invidia festos dies non agit*, pois sempre está atuando sobre um ou outro. E se observou também que a inveja, como o amor, faz o homem enlanguescer, efeito que as outras paixões não produzem porque não são tão contínuas. É também a paixão mais vil e mais abjeta pois o que a causa é o atributo característico do demônio, que é chamado de *o invejoso*, aquele que semeia cizirão entre o trigo durante a noite, porque a inveja trabalha somente na escuridão e ocultamente deteriora e corrói ao prejuízo das boas coisas, como é o caso do trigo.

X – Do Amor

O teatro tem maior débito com o amor do que a vida real do homem, pois no teatro o amor é sempre assunto de comédias, e de vez em quando de tragédias, enquanto na vida real produz muitos males, atuando às vezes como sereia, às vezes como fúria. Pode-se observar que entre pessoas de mérito e dignas (cuja memória tenha a nós chegado, da antiguidade ou de tempos recentes) não há uma única que se tenha deixado arrebatar ao grau de loucura do amor, o que mostra que os grandes espíritos e os grandes negócios se mantêm afastados dessa fraqueza. Entretanto, é preciso excetuar Marco Antonio, o meio parceiro do Império Romano,[28] e Ápio Cláudio, o decênviro e legislador: o primeiro era um homem debochado e desregrado, mas o segundo um homem austero e sábio, de sorte que parece (embora seja raro) que o amor pode ser admitido não só em um coração de fácil acesso como em um coração bem fortificado, se não se manter a devida vigilância. Este é um pensamento deplorável de Epicuro: *Satis magnum alter alteri theatrum sumus*,[29] como se o ser humano, criado para a contemplação do céu e de todos os objetos nobres, devesse nada fazer exceto curvar-se perante um pequeno ídolo e converter-se em escravo não tanto do sentido do paladar, como os animais, mas daquele da visão, a qual lhe foi dada para propósitos mais elevados.

Para avaliar a que excessos essa paixão pode conduzir o homem e como faz que este não aprecie adequadamente a natureza e a realidade, é suficiente considerar que o uso perpétuo da hipérbole só se ajusta ao amor e nem tampouco isso se encontra apenas nas expressões do amor como também nas ideias em torno dele. A despeito de se dizer com fundamento que o arquiadulador (com o qual todos os pequenos aduladores se entendem) é o ego humano, o amante ainda é pior, porque por mais elevada que seja a ideia que um homem mais vaidoso faça de si mesmo, tal ideia jamais consegue aproximar-se daquela que tem o amante da pessoa amada, de maneira que houve razão em se dizer *que é impossível amar e ser sábio*.

---

28. Marco Antonio foi membro do segundo triunvirato (ele, Otávio e Lépido) que se iniciou em 43 a.C., no turbulento período de transição entre o fim da República e o começo do Império.

29. "Cada qual somos um para o outro o sumo espetáculo."

Não só se apresenta essa fraqueza aos outros (aos que observam seus efeitos estando nesssa ocasião livres dela) como também à pessoa amada quando o amor não tem reciprocidade, já que é regra certa o amor ser sempre recompensado ou com reciprocidade ou com um desprezo íntimo e secreto, pelo que é preciso acautelar-se com essa paixão, que nos leva não só à perda das outras coisas, como a perda dela própria! Quanto às demais perdas que ocasiona, o elenco que nos oferece disso o poeta[30] dá a justa ideia: que aquele que preferiu Helena[31] perdeu os dons de Juno e de Palas,[32] pois quem quer que seja que tem em maior estima a paixão do amor renuncia às riquezas e à sabedoria. As ocasiões em que essa paixão transborda são as de nossa debilidade, ou seja, quando experimentamos grande prosperidade ou grande adversidade, ainda que esta última seja menos observada. São as duas situações que acendem o amor e o tornam mais fervoroso e que, por conseguinte, o revelam como o rebento da loucura. Assim, embora seja impossível guardar-se inteiramente do amor, é necessário restringi-lo à sua esfera, cortando-a completamente dos assuntos e ações sérios da vida, pois uma vez se imiscua nos negócios, transtorna os destinos humanos e faz os homens deixarem de ser fiéis aos seus próprios propósitos. Ignoro por que os guerreiros são predispostos ao amor; talvez o sejam pela mesma razão por que são inclinados ao vinho, já que os perigos geralmente exigem a paga em prazeres.

Há na natureza humana um pendor e movimento secretos rumo ao amor que quando não se cumprem em uma pessoa ou numas poucas, naturalmente se estendem a muitas, fazendo que os homens se tornem humanitários e caritativos, o que se vê, ocasionalmente, entre os monges.

O amor conjugal produz o gênero humano, a amizade o aprimora, mas o amor lascivo o degrada e envilece.

XI – Dos Cargos Importantes

Os homens responsáveis por cargos importantes são triplamente servidores: servidores do soberano ou do Estado, servidores da opinião pública e servidores dos negócios, de sorte que não são senhores nem de suas pessoas, nem de suas ações, nem de seu tempo. É, com efeito, desejo estranho buscar o poder ao preço da perda da liberdade, ou buscar o poder para exercê-lo sobre os outros às custas de perder o poder sobre si mesmo. A ascensão aos cargos importantes exige muitos esforços e mediante sacrifícios os homens se conduzem a maiores sacrifícios; e trata-se de um processo por vezes sórdido no

30. Ou seja, Homero.

31. Páris.

32. Hera e Palas Atena.

qual através de indignidades os homens atingem dignidades. No domínio dos cargos importantes o solo é escorregadio e o caminho de volta ou ocorre por uma queda ou por um eclipse, o que constitui uma coisa melancólica: *Cum non sis qui fueris, non esse cur velis vivere.*[33]

De fato, nem sempre é possível aposentar-se quando se deseja, sendo mais frequente não desejá-lo quando seria conveniente. Os homens, na sua maioria, se impacientam com a vida privada, apesar da idade e das enfermidades que requerem recolhimento; como velhos habitantes dos povoados, que, sem forças para passear pelo lugar, se mantêm sentados à porta de casa expondo sua velhice ao escárnio de quem passa.

As grandes personalidades necessitam mirar-se na opinião dos outros para se considerarem ditosas, visto que se julgassem a si mesmas por seus próprios sentimentos seriam incapazes de atingir essa crença; mas quando pensam no que delas pensam os demais e consideram quantos desejariam ocupar seus postos, então se sentem felizes, por assim dizer, graças à opinião dos outros, ainda que nos efêmeros instantes em que pensam em si mesmas compreendam sua verdadeira posição, sendo os derradeiros a conhecer suas próprias faltas e os primeiros a sentir suas próprias aflições. Decerto os homens importantes que ocupam posições elevadas são esquecidos de si mesmos e no torvelinho dos negócios não dispõem de tempo para cuidar da própria saúde, a do corpo ou a da alma. *Illi mors gravis incubat qui notus nimis omnibus, ignotus moritur sibi.*[34]

Quando se ocupa cargos importantes, goza-se da liberdade de fazer o bem ou o mal; esta última ação é uma calamidade pois quanto ao mal o melhor é não querê-lo e o menos mau não poder fazê-lo. Toda nossa aspiração verdadeira e legítima, quando dispomos do poder, deve ser fazer o bem porque os bons pensamentos, embora muito agradáveis a Deus, não passam para os homens de sonhos quando não são tranformados em realidade, o que não é possível acontecer sem o poder e a alta posição, pelos quais são superados os obstáculos que se antepõem ao fazer o bem.

A virtude e as boas obras constituem a finalidade das ações humanas e a consciência do bem realizado resulta no repouso do homem pois se este pode participar da atuação e trabalho de Deus, deve igualmente participar de seu repouso. *Et conversus Deus, ut aspiceret opera quae fecerunt manus suae, vidit quod omnia essent bona nimis.*[35] E então o *sábado.*

---

33. "Quando deixas de ser o que foste, não tens porque querer seguir vivendo."

34. São palavras de Sêneca: "Triste a morte daquele que morre bem conhecido por todos, mas desconhecido de si mesmo".

35. *Gênese*: "E voltando-se Deus para contemplar as obras realizadas por suas mãos, viu que todas eram boas".

No desempenho de teu cargo, tem diante de ti os melhores exemplos pois a boa imitação vale tanto quanto uma multidão de preceitos; e depois de algum tempo coloca diante de ti teu próprio exemplo e executa rigorosa autocrítica a fim de prosseguir tão bem quanto começaste. Não desconsidera, inclusive, os exemplos daqueles que antes de ti tenham desempenhado mal teu cargo, não tanto para aperfeiçoar tua caminhada graças à revelação de suas falhas como para aprender a evitá-las. Implanta, portanto, reformas sem pomposidade e sem escândalo das épocas passadas e sem censura às pessoas passadas, cuidando sim de estabelecer tu mesmo bons precedentes para serem imitados vindouramente, não se limitando em seguir os passos de teus bons antecessores. Ajusta as coisas ao sentido e finalidade de sua instititução original observando onde e como degeneraram, buscando conselho e indícios em ambas as épocas, a saber, na antiguidade a fim de tornar-te ciente do que houve de melhor, e dos tempos recentes a fim de conhecer o que é mais adequado ao presente. Procura dar regularidade ou constância aos teus procedimentos e ações para que os homens possam saber, de antemão, o que esperar de ti. Mas não te excedas a ponto de seres dogmático e autoritário e sê claro na comunicação de tuas regras. Preserva resolutamente o direito ao teu cargo mas não fomenta questões de jurisdição e prefere exercitar teu direito silentemente e de fato a alardeá-lo mediante reivindicações e reptos. Preserva igualmente os direitos daqueles que ocupam cargos inferiores ao teu e persuade-te que é mais honroso comandar globalmente do que ocupar-se de minúcias. Acolhe e dá acesso aos auxílios e conselhos que tangem à execução das obrigações de teu cargo; cuida de não afastar os que oferecem luzes e auxílios desse naipe fazendo-os sofrer adversidades e dando-lhes a entender que se intrometem excessivamente.

Os vícios daqueles que detêm cargos importantes que envolvem o exercício do poder são fundamentalmente quatro: a *morosidade*, a *corrupção*, a *descortesia* e a *condescendência*. No que concerne à morosidade, afasta-a sendo acessível, ativo e pontual; conclui o assunto em pauta e não mistura os assuntos sem necessidade. Quanto à corrupção, não bastará, para afastá-la, que ates tuas mão e as de teus servidores e subalternos para que não aceitem os subornos, mas será necessário que amarres também as mãos dos corruptores para que não façam suas ofertas. A integridade é capaz de produzir o primeiro desses efeitos, mas para lograr o segundo é preciso divulgar e propagandear a integridade e dar a conhecer que se abomina a venalidade e a disposição a subornar, porque não é suficiente ser incorruptível, sendo necessário também ser conhecido como tal e estar acima de qualquer suspeita. Todo aquele que age voluvelmente e manifestamente muda de atitude sem causa visível e transparente dá margem à suspeita de corrupção. Portanto, sempre ao alterar tua opinião ou procedimento faça-o abertamente e torna-os públicos explicitando as razões que te levaram à mudança, jamais ocultando-as. Por outro lado, se demonstrardes favoritismo por um de teus servidores ou subalternos que não seja aparentemente fundado em mera estima, isso será geralmente considerado porta oculta para corrupção disfarçada. No que diz respeito à descortesia ou aspereza, só serve para produzir descontentamento em torno do titular do poder: enquanto a severidade engendra medo, a descortesia gera ódio. As censuras que dirige um homem que ocupa um posto importante devem ser graves, mas em absoluto ofensivas ou picantes. No que toca à condescendência, é pior que o suborno, pois este (ponto de partida da corrupção) ocorre de vez em quando, enquanto quem se deixa vencer facilmente pela importunidade e tira proveito de considerações ociosas encontrará a cada passo dificuldades de que não consegue se livrar ou que o separam do caminho reto. São palavras de Salomão: *Ter demasiada consideração com as pessoas constitui debilidade criminosa: o homem que detém tal caráter pecará por um pedaço de pão.*

Os antigos estavam sumamente certos ao dizer que *o cargo revela o homem*: revela a competência de uns e a nulidade de outros. De Galba disse Tácito: *Omnium consensu capax imperii, nisi imperasset*;[36] em contrapartida, de Vespasiano disse: *Solus imperantium, Vespasianus mutatus in melius*,[37] embora no primeiro caso se refira à aptidão para o governo e no segundo às maneiras e disposição. De fato, a generosidade e dignidade de uma alma à qual as honras aprimoram em lugar de perverter, não podem ser duvidosas e, pelo contrário, tal mudança é o sinal mais seguro da excelsitude de sentimentos dessa alma, porque como na natureza os corpos que se acham naturalmente fora de seu lugar só voltam a ele pela força, ficando em repouso logo que ocupam seu lugar, do mesmo modo, a virtude enquanto aspira às honras que lhes são devidas, se encontra em estado violento e quando logrou ocupar o cargo importante a que almejava, recupera a calma e a tranquilidade.

Toda ascensão a um cargo importante é por meio de uma escalada sinuosa e se surgem obstáculos das facções, convém inclinar-se um pouco para o lado enquanto se faz a escalada, e uma vez que se atinja o alto deve-se pôr em equilíbrio.

Com respeito à memória de teu predecessor, a esta te refere sempre afável e carinhosamente, porque se assim não agires, terás certamente um débito a acertar depois que terminares teu mandato. Se tens colegas, respeita-os e permite que participem dos assuntos de que estás encarregado, pois mais vale

36. "Todos o teriam acreditado digno de ser imperador, se não o tivesse sido."

37. "De todos os imperadores foi o único que melhorou a si mesmo depois de sê-lo."

convocá-los quando não o esperam que excluí-los quando se creem no direito de serem chamados.

Não convém que te atenhas ou te apegues exageradamente às prerrogativas de tua alta posição em tuas conversações e nas respostas que dás aos pleiteantes e corruptores potenciais; age de modo a, de preferência, que depois se diga de ti: *Este homem é muito diferente quando está no exercício de seu cargo.*

XII – Da Audácia

Embora se trate de um trivial texto escolar, o que mencionaremos a seguir merece a consideração de um homem sábio. Perguntaram a Demóstenes qual era a parte principal de um orador, ao que ele respondeu: *a ação.* E o que vem em seguida? *A ação.* Isso que ele conhecia melhor que ninguém o aprendera por experiência própria, não o tendo conquistado por favorecimento da natureza.

Coisa surpreendente um orador atribuir tal importância a uma parte da oratória que pode passar pela mais superficial, parecendo sim ser a virtude de um ator, colocando-a acima de outras partes nobres, como a inventividade, a dicção e o resto; e o mais estranho, quase por si só apontando como se fosse o todo de um orador. Mas o fundamento disso é claro. Há na natureza humana em geral mais do tolo do que do sábio, de sorte que essas faculdades que se dirigem à parte estúpida do espírito humano são mais poderosas. Por isso, a audácia nos negócios civis tem efeitos prodigiosos. Qual o mais poderoso instrumento nos negócios? A audácia. E qual o segundo e o terceiro mais importantes? A audácia. E, no entanto, a audácia é uma filha da ignorância e da vileza, estando bem abaixo dos outros talentos. Entretanto, apesar disso fascina e subjuga aqueles que são faltos de discernimento ou carentes de coragem, que constituem a maioria; por vezes domina até os homens sábios nos períodos de debilidade e hesitação, operando milagres nos governos populares. Exerce menos força sobre príncipes e senados, devendo-se também considerar que os homens muito audaciosos logram mais êxito antes do que depois porque a audácia é uma má cumpridora de promessas.

Certamente, do mesmo modo que há charlatães que pretendem curar o corpo humano, há charlatães que pretendem curar o corpo político; homens que realizam grandes curas e talvez acertem algumas vezes, mas que, carentes dos fundamentos da ciência, não têm como se preservar. Muitas vezes verás um indivíduo audacioso realizando o milagre de Maomé. Maomé fez o povo crer que chamaria a si uma montanha e que do alto dela proferiria suas orações aos seguidores de suas leis. O povo se reuniu e Maomé convocou repetidamente a montanha para que viesse a si, e permanecendo a montanha imóvel, ele não se deu por vencido e disse: *Se a montanha não vem a Maomé, Maomé irá à montanha.* Analogamente, esses homens quando prometem grandes coisas e vergonhosamente não o cumprem, ainda assim (se são detentores da audácia perfeita) se safarão por um subterfúgio e darão meia-volta sem o menor constrangimento.

Certamente para aqueles que têm discernimento, tais homens parecerão ridículos, e, de fato, por vezes a audácia parecerá um tanto risível ao próprio vulgo, não podendo ser diferente pois se a verdadeira causa do riso é o absurdo, o que dizer da audácia, a qual frequentemente encerra algum absurdo? É, especialmente, algo rídiculo de se contemplar quando o audacioso é incontinente, assumindo uma fisionomia alterada e uma postura desfigurada, o que não é de surpreender-se, visto que na vergonha ordinária os sentimentos são só agitados ligeiramente, enquanto na infâmia o ânimo se torna imobilizado e desconcertado, como quando ocorre um empate forçado em um jogo de xadrez, embora convenhamos que esta última observação caiba mais em uma sátira do que em um texto sério.

Entretanto, que se aquilate bem o fato de a audácia ser sempre cega pois é incapaz de ver perigos ou inconveniências, sendo, portanto, má conselheira embora boa executora. Assim, as pessoas audaciosas são corretamente empregadas nos cargos secundários e jamais nas posições de comando, estando, sim, sob a direção dos outros. O fundamento disso é que quando se delibera convém perceber os perigos, enquanto quando já se atingiu a fase da execução, é preciso não percebê-los a não ser que sejam muito grandes.

XIII – Da Bondade Natural e Da Bondade Adquirida

Entendo por *bondade* uma certa afeição ou sentimento que nos impele a desejar que nossos semelhantes sejam felizes e que visa ao bem comum da humanidade. É o que os gregos chamam de *filantropia*, sendo que a palavra *humanidade* (da maneira que é empregada) o expressa um tanto insuficientemente. Chamo de bondade simplesmente o hábito de fazer o bem e de bondade natural a inclinação para praticá-lo. De todas as virtudes e faculdades da alma humana é a mais grandiosa, detendo caráter divino, e sem a qual o ser humano não passa de uma coisa atribulada, maligna e perversa, nada melhor do que uma espécie de verme. A bondade habitual corresponde à virtude teológica, a caridade, e não admite excesso, senão erro. O desejo de poder em excesso causou a queda dos anjos; o desejo de conhecimento em excesso causou a queda do ser humano. Entretanto, na caridade não há excesso: anjos ou seres humanos não são postos em perigo por ela. A inclinação à bondade está profundamente impressa na natureza humana, de tal modo que se não manifestar-se em relação aos seres humanos, se manifestará a favor de outros seres vivos, como se pode observar em relação aos turcos, um povo cruel que, contudo, é bondoso com os animais, dando esmolas aos cães e às aves, a tal ponto, como relata Busbeck, que um menino cristão, em Constantinopla, quase foi apedrejado por ter posto uma espécie de mordaça no bico longo de uma ave. Em torno dessa virtude da bondade ou caridade podem, todavia, ser perpetrados erros. Os italianos têm, a esse respeito, um infeliz provérbio: *Tanto buon che val niente* (tão bom que não vale nada). Nicolau Maquiavel, um dos sábios da Itália, ousou escrever nos termos mais claros que a fé cristã fora prejudicial aos homens bons, que são presas dos homens tirânicos e injustos, o que afirmou pelo fato de jamais ter havido lei, seita ou dogma religioso que tanto exaltasse a bondade quanto o faz a religião cristã. Assim, a fim de prevenir simultaneamente o escândalo e o perigo, é bom conhecer os equívocos aos quais um sentimento tão louvável em si mesmo pode nos levar a cometer. Procurai o bem dos outros seres humanos mas não vos escravizai por suas aparências ou fantasias, já que isso é indolência ou debilidade que aprisionaria qualquer alma honrada. Não deis uma pérola ao galo de Esopo pois ele preferiria e ficaria mais feliz com um grão de cevada. A melhor lição neste caso é a do próprio Deus, o qual faz cair a chuva e o sol brilhar sobre o justo e o injusto, mas que não faz igualmente *chover* riqueza nem *brilhar* honra e virtudes sobre os seres humanos. Os benefícios comuns devem ser transmitidos a todos, porém os que são peculiares devem ser distribuídos seletivamente. E cuidai de destruir o original após ter feito a cópia, pois a divindade nos instrui que o amor de nós mesmos é o original e o amor ao nosso próximo, a cópia. *Vende o que tens, dá o produto aos pobres e segue-me*, mas não vende tudo o que tens a não ser que estejas verdadeiramente disposto a seguir-me, isto é, a não ser que tenhas uma vocação, que possas fazer com poucos meios tanto quanto os outros podem fazer com grandes recursos e riquezas, porque, do contrário, ao alimentar os regatos, secarias a fonte. Não só observamos em muitos indivíduos um hábito de bondade dirigido pela razão, como observamos também em outros uma disposição natural para ela, tal como no lado oposto há uma inclinação natural para a perversidade, pois ocorre que em sua natureza não afetam o bem dos outros. O tipo mais superficial da perversidade é uma índole caracterizada pela taciturnidade, um caráter áspero, difícil, contraditório, agressivo ou coisa semelhante; o tipo mais profundo, entretanto, é o que degenera em inveja e pura maldade.

Aqueles que padecem dessas inclinações se regozijam com as desditas e faltas alheias, contemplam-nas como se fossem um espetáculo apreciável e não desperdiçam a chance de agravá-las; aproximam-se dos desgraçados não como os cães que lambiam as feridas de Lázaro, mas como as moscas que zumbem em torno de qualquer coisa que está apodrecida; são misântropos, que embora não tenham em seu jardim árvore alguma tão conveniente quanto a de Tímon, gostariam de ver todos os seres humanos dependurados. Tais inclinações são os próprios erros da natureza humana e, no entanto, são a matéria-prima mais adequada para a produção de grandes políticos, como o tronco retorcido que é bom para a construção de navios destinados a ser agitados pelas tormentas, mas que não serve para a construção de casas, as quais devem permanecer imóveis.

A bondade é caracterizada por vários sinais e manifestações. Se um homem é amável e cortês com os estrangeiros, isto demonstra que é um cidadão do mundo e que seu coração não é uma ilha, separada de outras terras, mas um continente em comunicação com todos os outros países; se ele se compadece dos desafortunados, isso mostra que seu coração é como aquela nobre árvore que é ferida para oferecer o bálsamo ao necessitado; se ele perdoa com facilidade as ofensas, isso mostra que sua alma está acima das injúrias, pelas quais não pode ser atingido; se revela gratidão diante dos pequenos favores, sua atitude prova que está mais atento às intenções do que às obras e interesses humanos; acima de tudo, se ele alcança a perfeição de São Paulo, a ponto de desejar ser objeto de anátema por parte de Cristo, para a salvação de seus irmãos, isso anunciaria nele muito de uma natureza divina, e um tipo de semelhança com o próprio Cristo.

XIV – Da Nobreza

Abordaremos a nobreza primeiramente como uma parte do Estado e depois como uma condição de pessoas particulares.

Uma monarquia, onde não exista nobreza, é sempre uma pura e absoluta tirania, como ocorre entre os turcos, pois a nobreza tempera o poder soberano, compartilhando também com a família real os olhares do povo. As democracias a dispensam e amiúde permanecem mais tranquilas e menos sujeitas à sedição quando nelas não há estirpes nobres, pois os interesses dos homens são os negócios realizados e não os indivíduos que os realizam, e se forem estes, será em função dos negócios e aptidões dos indivíduos e não dos títulos nobiliários e da genealogia. Vemos, por exemplo, que a Suíça se preserva muito bem, a despeito da diversidade religiosa e da divisão do país em cantões, visto que o que une esses cantões é a utilidade e não as distinções das pessoas. Por razão idêntica, o governo dos Países Baixos é excelente, já que onde há igualdade entre as pessoas também há igualdade nas assembleias e os pagamentos e tributos são feitos com maior boa vontade. Uma nobreza digna e poderosa aumenta a majestade de um monarca, mas reduz o poder deste; infunde mais vida e entusiasmo ao povo, mas o empobrece e torna sua existência mais árdua. É bom que a nobreza não seja mais poderosa do que o que convém ao rei e à justiça, porém é preciso que detenha força suficiente para que a insolência popular, se irromper-se contra essa salvaguarda, seja incapaz de ferir a majestade do monarca. Uma nobreza constituída por muitos membros empobrece o Estado e apresenta muitos inconvenientes, tais como uma sobrecarga de despesas, levando à pobreza efetiva de muitas de suas famílias, o que introduz uma grande desproporção entre sua posição honrosa e o volume de seus bens.

Quanto à nobreza entendida no que respeita às pessoas particulares, admitiremos que inspira um certo respeito ver um antigo castelo ou qualquer outra construção secular impecavelmente conservado, tal como uma árvore que se conserva fresca e íntegra apesar de sua muita idade. E assim é com relação a essas coisas, quanto maior respeito nos inspirará contemplar uma antiga família nobre que resistiu às vagas e intempéries do tempo! Afinal uma nobreza nova é apenas um ato do poder, enquanto a nobreza antiga é obra do tempo. Aqueles que são educados em primeira mão para a nobreza são, com frequência, mais virtuosos, mas menos inocentes, do que seus descendentes, sendo bastante raro não se elevarem, se educarem mediante uma mescla de artes boas e más. Que a memória de suas virtudes seja herdada pela posteridade como exemplo e que seus vícios sejam desde já com eles sepultados! A nobreza de nascimento geralmente produz pessoas não industriosas e quem não é industrioso inveja quem é. Ademais, aqueles que são nobres, por já ocuparem posição elevada, não podem elevar-se muito mais e quem persiste no mesmo patamar, enquanto os outros sobem, dificilmente é capaz de afastar os ímpetos da inveja. Mas se a nobreza é, por um lado, mais invejosa, por outro, é indubitavelmente menos invejada, porque estando naturalmente destinada a fruir de grandes honrarias, isto a protege da inveja alimentada pelos homens novos. Por certo, os reis que contam com homens capazes entre seus nobres para o exercício dos cargos públicos são beneficiados ao preferi-los a membros de outras classes: os negócios do reino fluirão com maior desembaraço e agilidade pelo fato de os nobres sempre encontrarem maior submissão e obediência da parte do povo, o qual crê que os nobres nasceram para comandar e dirigir.

XV – Das Sedições e Tumultos

Os pastores do povo necessitam conhecer os prognósticos e indícios das tempestades que podem suceder nos Estados e que são geralmente mais avassaladoras quando os elementos em oposição que as fomentam tendem a igualar-se, do mesmo modo que as tempestades naturais que se formam em torno dos equinócios são também mais violentas que em todo o restante do ano. E da mesma maneira que ocorrem certas rajadas de vento e um ruído discreto das ondas do mar que prenunciam a tormenta, certos rumores surdos e confusos anunciam sinais de sedições e tumultos.

Ille etiam caecos instare tumultus
Saepe monet, fraudesque et operta tumescere bella.[38]

Encontram-se entre os indícios de tumultos os libelos e discursos licenciosos proferidos contra o Estado quando acontecem de modo frequente e aberto; de maneira análoga, as falsas notícias que amiúde circulam depreciando o Estado e que são rapidamente acolhidas. Virgílio, ao tecer a genealogia do Rumor, diz ser ele irmão dos Gigantes:

Illam Terra parens, ira irritara deorum,
Extremam (ut perhibent) Coeo Enceladoque sororem
Progenuit.[39]

Como se os rumores aos quais nos referimos não se fizessem sentir senão após a ocorrência da sedição! Na verdade, são os prelúdios das sedições vindouras. Virgílio observa com muita propriedade que a única diferença existente entre as sedições e os rumores das sedições é que existe entre irmão e irmã, entre o macho e a fêmea, especialmente quando a insatisfação geral chega ao extremo de as ações mais sábias e justas do Estado e aquelas mais passíveis de agradar ao povo passarem a ser mal recebidas e mal interpretadas, o que prova que a insatisfação atingiu o seu clímax, como observa Tácito ao dizer: *Conflata magna invidia, seu bene seu male gesta premunt.*[40]

Contudo, ainda que tais rumores de que falamos sejam presságios dos tumultos e sedições, disso não se conclui que as insurreições poderiam ser evitadas através de severíssimas medidas de caráter repressivo, pois todo o esforço empreendido no sentido de evitá-las só as torna mais duradouras; pelo contrário, votar-lhes o desprezo se revela, por vezes, o melhor caminho para torná-las um fracasso.

Ademais, um certo gênero de obediência a que se refere Tácito é suspeito: *Erant in officio, sed tamen qui mallent mandata imperantium interpretari quam exequi.*[41] De fato, questionar ordens e instruções, escusar-se a elas, fazer cavilações em relação a elas é uma forma de sacudir o jugo e outras tantas tentativas de desobediência, especialmente se nesses questionamentos os que estão no comando falam com medo e timidez e os que a ele se opõem com insolência.

---

38. *Virgílio*: "Algumas vezes anuncia a aproximação da revolução / E outras revela as maquinações e a guerra aberta que se constituem ameaça".

39. "É irmão do Céu e de Encelado e diz-se que a Terra, / Irritada e fecundada pela ira dos deuses em seu último parto/ A ele deu a luz."

40. "A insatisfação pública é tão grande que o mesmo afasta tanto o bem quanto o mal que a produz."

41. "Estão ainda no cargo, porém mais predispostos a murmurar as ordens dos mandantes do que cumpri-las."

E como bem observou Maquiavel: quando um príncipe, que devia ser o pai comum de seus súditos, tende para um dos partidos nos quais seu povo está dividido, com ele acontece o que acontece a um navio que porta excesso de carga em um dos seus lados, ou seja, soçobrará. Foi isso que presenciamos com Henrique III da França, porque inicialmente ele mesmo uniu-se à liga[42] para destruir os protestantes e pouco depois a mesma liga se voltou contra ele. Com efeito, quando a autoridade dos príncipes é apenas o acessório na defesa de uma causa e que há outros laços que atam mais firmemente do que aquele da soberania, os súditos se creem detentores de um dever mais sagrado que o da obediência ao soberano e os reis principiam a se ver despojados de seu poder.

Quando as discórdias, insurreições e facções irrompem de maneira aberta e ousada temos um sinal de que o respeito ao governo está perdido, pois os movimentos dos grandes em um governo têm de ser como os movimentos dos planetas em submissão ao *primum mobile*, que de acordo com a opinião dos antigos consiste no veloz arrastamento de todos eles pelo movimento maior da esfera que estão forçados a acompanhar, embora se movam mais lentamente em virtude de seu movimento próprio inferior. E, assim, quando os grandes no seu próprio movimento empreendem uma marcha mais violenta e como Tácito o expressa tão bem, *liberius quam ut imperantium meminissent*[43] é indicativo de que as órbitas se acham fora de equilíbrio, porquanto o respeito dos súditos é a dádiva que os príncipes recebem de Deus e o fundamento de seu poder, que, por vezes, se vê por Ele ameaçado de dissolução: *Solvam cingula regum.*[44]

Assim, quando qualquer uma das quatro colunas do governo (que são a religião, a justiça, a prudência e o tesouro público) é seriamente abalada ou debilitada, haverá necessidade de que os homens orem por um bom tempo. Mas findemos com esta parte sobre os sintomas dos tumultos e das sedições (assunto a respeito do qual ainda se lançará luz na sequência), de modo a abordarmos primeiramente a causa material das sedições, em segundo lugar os seus motivos e em terceiro, os seus remédios.

No que concerne à causa material das sedições, trata-se de algo a ser cuidadosamente considerado, pois o meio mais seguro de prevenir as sedições (se as circunstâncias o permitirem) é eliminar sua causa material. Quando o combustível se acha pronto, é muito difícil afirmar de que ponto partirá a faísca que fará nascer o fogo. A causa material das sedições é de duas espécies: muita pobreza e muito descontentamento ou sofrimento, pois quanto mais ho-

---

42. Trata-se da Liga Santa dos católicos cuja direção foi assumida por Henrique desde 1576 e que é tópico intermitente de Maquiavel em *O Príncipe* (Obra presente em *Clássicos Edipro*).

43. "Mais livre do que concebiam os mandantes."

44. "Dissolverei os laços de comando dos reis."

mens arruinados e endividados houver em uma nação, quantos mais haverão desejosos de mudanças violentas. Isso é o que Lucano diz que ocorria pouco antes de começar a guerra civil em Roma:

Hinc usura vorax, rapidumque in tempore foenus,
Hinc concussa fides, et multis utile bellum.[45]

Essa situação na qual a guerra parece recurso útil para muitos constitui sinal certo e infalível de um Estado predisposto a sedições e tumultos. E se essa pobreza e o endividamento dizem respeito às classes mais elevadas e se somam às privações e necessidades das pessoas humildes, o perigo é iminente e grave pois as rebeliões dos estômagos vazios são as piores. Quanto aos descontentamentos, são no corpo político como os humores corrompidos do corpo humano, capazes de produzir um calor excessivo e se inflamarem. E que nenhum príncipe avalie o perigo deles com base nos atos de justiça ou injustiça que tenham de tal maneira excitado os espíritos porque isso seria atribuir ao povo muito mais razão do que aquela que este comumente tem, de sorte que com enorme frequência assiste afastar-se de si o que lhe pode ser proveitoso.

Muito menos ainda se deve aquilatar o perigo pela importância dos motivos que a multidão tenha para sublevar-se, porque quando o temor é maior que o sofrimento, a insatisfação popular se torna menos perigosa, já que a dor tem um limite, enquanto o temor, não: *Dolendi modus, timendi non item.* Além disso, no caso de a opressão ter ascendido ao seu fastígio, esses mesmos expedientes de opressão que esgotaram a paciência do povo subtraem-lhe a coragem que gera o poder de resistir, o que, entretanto, não sucede quando o povo não atingiu um grau extremo de envilecimento. O príncipe e o governo não devem crer que os descontentamentos fervilhem e venham à tona reiteradas vezes e durante longo tempo sem considerável perigo ou inconveniente, porque se é certo que nem toda nuvem traz tempestade, quando muitas se juntam o resultado será uma tormenta com ventos e granizo, muito mais terrível pelo próprio fato de ter sido tardia. Que se recorde também o adágio espanhol: *Al final, la cuerda termina rompiéndose por el tirón más débil.*[46]

As causas e motivos das sedições são: reformas religiosas, impostos excessivos, mudança das leis e costumes, abolição de privilégios, opressão geral, ascensão de homens indignos, intrigas de outras potências, presença excessiva de estrangeiros, as grandes elevações dos preços, súbitas dispensas nos exércitos, o desespero das facções, e em uma palavra, tudo o que pode irritar o povo e uni-lo em uma causa comum.

45. "De um lado a usura que corrói as pessoas com seus juros transitórios, / De outro a fé pública violada determinaram que a guerra se afigurasse recurso útil a muitos."

46. "A corda acaba sempre arrebentando do lado mais fraco."

Quanto aos remédios, há alguns preventivos gerais aos quais nos referiremos. No que diz respeito a uma cura completa, deve-se considerar a doença em particular, ficando mais a critério do discernimento daquele que governa do que de métodos e regras fixos.

O primeiro remédio ou medida preventiva consiste em eliminar, de todos os meios que forem possíveis, aquela causa material à qual aludimos, ou seja, privações e pobreza no Estado. Os meios cabíveis para isso incluem a abertura de todas as vias de comércio, sua harmonização e reorganização, dar novo influxo às indústrias, eliminar totalmente a ociosidade, reprimir os desperdícios e os excessos mediante leis suntuárias, criar novos incentivos para a agricultura e aprimorá-la, regular os preços comerciais e moderar taxas e impostos etc. Falando em termos gerais, é mister cuidar para que a população, especialmente quando as guerras não a reduzem, não exceda os recursos do país, isto é, que possa suprir suas necessidades com os produtos locais do país. Contudo, a fim de determinar acertadamente e com justiça a taxa populacional, não basta atender ao número absoluto de habitantes, pois se constituírem um pequeno número que muito despenda e pouco labore, provocaria mais rapidamente a ruína de um Estado do que um grande número de indivíduos muito laboriosos que vivam parcimoniosamente. Assim, quando a multiplicação dos membros da nobreza e de outras pessoas de distinção apresenta desproporção relativamente às demais classes inferiores do povo, ocorrerá empobrecimento e esgotamento do Estado. Coisa idêntica sucede no caso de um clero muito numeroso, o qual nada produz para a população comum, podendo-se dizer o mesmo tanto dos estudiosos e eruditos, cujo número não deve ultrapassar muito o número daqueles que trabalham para alimentá-los.

Há algo igualmente que não deve ser descurado: não convém que uma nação aumente suas riquezas em uma quantidade tal que cause a perda de outras nações. São três as coisas que uma nação pode vender às outras: a matéria-prima, o produto manufaturado e o transporte ou frete. Quando estas três rodas principais estão se movendo, girando com facilidade, as riquezas afluem ao país. Algumas vezes, o trabalho tem mais valor do que a matéria (*materiam superabit opus*), isto é, o preço da mão de obra e do transporte supera o da matéria-prima e mais depressa enriquece as nações. É de se notar nesse sentido o exemplo dos Países Baixos, que têm as melhores minas acima do solo do mundo.

Acima de tudo o mais, é preciso pôr em prática uma boa política que assegure que o tesouro e todo o numerário do Estado não se concentrem nas mãos de um pequeno número de indivíduos, pois caso contrário uma nação poderia perecer pela fome em meio à abundância, pois o dinheiro é como o esterco que só é bom quando é bem distribuído. Esse objetivo pode ser atingido suprimindo-se, ou ao menos, reprimindo três formas devoradoras presentes no comércio: a usura, o monopólio e o hábito de transformar em pastagens as terras de semeadura e cultivo.

No que tange a arrefecer os ânimos e aplacar o descontentamento geral, ou, ao menos, prevenir o seu perigo, diremos que há em todo Estado duas classes principais: a nobreza e as pessoas comuns (o povo). Quando apenas uma dessas classes está descontente, o perigo não é considerável, pois os movimentos das pessoas ordinárias que compõem o povo serão lentos se não forem excitados pela classe superior, ao passo que esta dispõe de pouca força se não contar com a disposição e prontidão da multidão. Mas quando os nobres aguardam que se turvem as águas da passada satisfação dos mais humildes para demonstrar seu próprio descontentamento, o perigo se avoluma e é de grande gravidade. Narra o mito que tendo Júpiter [Zeus] sabido que os demais deuses unidos pretendiam amarrá-lo, depois de aconselhar-se com Palas, decidiu-se a chamar em seu socorro Briareu, com seus cem braços. Isso é emblemático, tratando-se por certo de uma alegoria que indica quanta segurança representa para os monarcas certificar-se da boa vontade do povo.

Outro recurso salutar é propiciar moderada liberdade para que o povo se lamente e desafogue seu mau humor e insatisfação, sem que isso atinja as raias da insolência ou das ameaças, pois aquele que retém os humores reprimidos a ponto de produzir o sangramento interno da ferida leva à formação de úlceras malignas e abcessos perniciosos.

Contudo, há um outro recurso para abrandar o descontentamento, o qual consiste em fazer que Prometeu desempenhe o papel de Epimeteu.[47] Depois que este último, segundo o mito, constatou que todos os males haviam saído da caixa de Pandora, ele teve o cuidado de fechá-la com a tampa, deixando a esperança no fundo da caixa. Por certo, a prática política de distrair os indivíduos humanos alimentando-os com promessas e entretendo-os astuciosamente, embalando-os de uma esperança para outra constitui um dos melhores antídotos contra o veneno do descontentamento. E constitui um indício certo de governo sábio a capacidade de prender os corações humanos nos laços da esperança, quando esse governo é incapaz de mantê-los satisfeitos, além de ser capaz de administrar as coisas e comandar os espíritos de tal forma que, em caso de uma catástrofe inevitável, tenha sempre à mão como válvula de escape uma esperan-

47. O titã Prometeu tipifica e representa a figura do inveterado rebelde no mito grego, tanto no período pré-olímpico quanto no olímpico. Como Lúcifer, ele desafia o deus maior (Zeus), *politicamente falando, o poder vigente*, surrupiando-lhe o fogo, com o qual lhe será possível criar o ser humano infundindo vida na argila [o mesmo mito do Gênese, no qual Deus cria o homem infundindo-lhe uma *alma vivente* (cabalisticamente não é Deus, mas um *deus* (*eloh* – emanação do *Ain-Soph*) que infunde a alma, ou melhor, *nephesch* em um corpo humano]. É claro que Prometeu, como a serpente do Éden, foi punido por Zeus, sendo amarrado em um penhasco onde uma águia devorava seu fígado continuamente, porque este renascia. Curiosamente, foi Héracles, um *homem* filho de Zeus, que libertou o sedicioso e generoso titã. O *homem* Héracles, o mais forte dos mortais, foi transformado posteriormente em um *deus*.

ça consoladora para infundir nesses espíritos. Isso não é tão difícil como poderia parecer, pois os indivíduos, bem como as facções, estão naturalmente dispostos, a fim de lisonjear a si mesmos, ou para vanglória própria, a ostentar esperanças nas quais, na verdade, não acreditam.

Outro método útil para prevenir as funestas consequências da insatisfação geral, aliás método bastante conhecido, o que não o torna menos eficiente, consiste em impedir que o povo se reúna ao redor de algum personagem destacado que posse lhe servir de chefe. Entendo por *chefe* um homem de ilustre nascimento e que seja detentor de grande reputação, que disponha da confiança do partido rebelde, que tenha ele mesmo motivos particulares de ressentimento contra o governo e para o qual o povo volva o olhar naturalmente. Quando houver no Estado um personagem tão perigoso, é imperioso atraí-lo a todo custo e forçá-lo a se aproximar do governo, tentando conquistá-lo com amplas vantagens que o partido oposto é incapaz de lhe oferecer; em caso de ser isso impossível, por ele recusar as ofertas, será conveniente opor-lhe um outro indivíduo que tenha suas mesmas qualidades e condições, que compartilhe do favor popular e que assim atue como contrapeso, diminuindo ou equilibrando sua influência. De modo geral, o método de dividir e fragmentar as facções e alianças que se formam em um Estado semeando a inimizade entre os chefes, ou, ao menos, fazendo nascer entre eles ciúmes e rivalidades não é um dos piores remédios, pois seria desesperador se aqueles responsáveis pela administração do Estado fossem atingidos pela discórdia e a cisão enquanto aqueles que se colocam contra o Estado estivessem íntegros e unidos.

Observei que certas frases engenhosas e sutis que os príncipes se permitiram pronunciar produziram a centelha inflamadora de rebeliões. César causou a si um dano irreparável com as seguintes palavras: *Sylla nescivit litteras; non potuit dictare*,[48] com as quais subtraiu aos romanos para sempre a esperança que acalentavam de que cedo ou tarde abdicaria da ditadura. Galba perdeu-se com esta frase: *Legi a se militem, non emi,*[49] tirando-lhes assim a esperança do donativo ou gratificação que os imperadores concediam aos soldados quando se coroavam. Probo, igualmente, teve a imprudêcia de observar: *Si vixero, nono opus erit amplius romano imperio militibus*,[50] palavras capazes de levar um exército ao desespero. O mesmo se poderia acrescentar em relação a muitos outros. Devem os príncipes, portanto, diante de situações difíceis e matérias delicadas, ter muito cuidado com as próprias

48. "Sila era um ignorante, pelo que não podia mandar."

49. "Que buscava escolher seus soldados em lugar de comprá-los."

50. "Se vivo, o Império Romano não necessitará de soldados."

palavras e evitar, especialmente, os enunciados claros e precisos, que são como sinais profundos que parecem denunciar seus pensamentos secretos. Quanto aos discursos mais prolongados, são alvo bem menor de observação, produzem menos efeito, sendo consequentemente menos perigosos.

Por último, que os príncipes, em todas as ocasiões, tenham próximos a si uma ou mais pessoas de grande valor militar que possam sufocar as sedições no início destas, pois na falta disso a corte vacilará muito facilmente se as revoluções chegarem a irromper e o Estado se encontrará mergulhado naquela espécie de perigo da qual Tácito proporciona uma clara ideia ao dizer: *Atque is habitus animorum fuit, ut pessimum facinus auderent pauci, plures vellent, omnes paterentur.*[51] Mas que esses militares valorosos sejam mais confiáveis e de lealdade mais certa do que os generais do partido popular e que mantenham bom entendimento com os demais homens importantes do Estado – caso contrário, o remédio se revelará pior do que a doença.

XVI – Do Ateísmo

Preferiria crer em todas as fábulas da *Legenda*,[52] no Talmude ou no Alcorão do que pensar que esta imensa estrutura universal não dispõe de uma inteligência. E por isso Deus nunca operou prodígios com o fito de convencer aos ateus porque sua obras ordinárias já são convincentes. É verdade que uma filosofia superficial faz tender a mente humana para o ateísmo, porém a filosofia profunda conduz as mentes humanas para a religião. O homem em sua busca intelectual se limita a divisar causas secundárias que lhe parecem dispersas e sem coerência, podendo aí se deter sem ir adiante; contudo, quando contempla a cadeia ininterrupta que une e congrega todas essas causas, então precisará elevar-se até a Providência e a Deidade. Mesmo a escola mais acusada de ateísmo tem realmente que demonstrar a religiosidade, ou seja, comprovar a existência de um Deus.

Refiro-me à escola de Leucipo, Demócrito e Epicuro, pois me parece mil vezes mais crível que quatro elementos mutáveis com uma quinta essência imutável, disposta apropriada e eternamente, possam existir sem um Deus do que imaginar que um exército infinito de partículas ou sementes desconexas tenha podido sem a direção de uma inteligência suprema[53] produzir a ordem admirável do universo. Diz a Escritura: *O tolo disse ao seu coração: Deus não*

---

51. "E a disposição dos ânimos é tal que mesmo que sejam poucos os que ousam perpetrar o atentado definitivo, muitos são os que o desejam e todos se acham inclinados a permiti-lo."

52. O autor alude à *Legenda áurea*, uma ampla compilação das vidas de muitos santos. Essa compilação foi realizada por um teólgo italiano em torno de meados do século XIII.

53. O autor registra *divine marshal* (literalmente *marechal divino*) que preferimos traduzir por *inteligência suprema*.

existe. Observe-se que a Escritura não indica que o tolo *assim pensou*, mas que *disse a si mesmo, ao seu coração*, mais como algo que deseja e de que trata de se convencer como se disso estivesse intimamente persuadido.

Os homens que negam a existência de Deus são somente aqueles que nisso têm interesse, e o que prova sobejamente que o ateísmo se encontra mais nos lábios daqueles que afirmam professá-lo do que em seus corações é que os ateus apreciam discursar sobre sua opinião, como se procurassem o assentimento dos outros para nele se apoiarem e se fortalecerem. É também constatável que desejam proselitismo, tal como ocorre com as outras seitas, tendo o ateísmo seus mártires, os quais preferem padecer os mais horríveis tormentos do que se retratarem.

Entretanto, se estão verdadeiramente persuadidos da inexistência de Deus porque se atormentam tanto? Epicuro é acusado de dissimular seu pensamento verdadeiro em torno dessa questão – seria somente para assegurar sua reputação que afirmava em público que existiam seres bem-aventurados que se limitavam a fruir de si mesmos e se negavam a intervir no governo deste mundo inferior; mas que, no fundo, descria da existência de Deus, expressando tal opinião apenas para adequar-se ao seu tempo. Mas, por certo ele é mal interpretado e essa acusação carece de fundamento, posto que sua linguagem é sublime e divina: *Non deos vulgi negare profanum; sed vulgi opiniones diis applicare profanum.*[54]

Mesmo o próprio Platão não poderia ter dito melhor. E ainda que Epicuro ousasse negar a providência dos deuses, por certo jamais pôde negar-lhes sua natureza.

Os índios do continente americano possuem nomes para seus deuses particulares, mas nenhum nome para Deus, o que quase equivale a terem tido os pagãos apenas os nomes de Júpiter, Apolo, Marte etc. e lhes faltassem a palavra *Deus*, o que prova que os povos mais bárbaros, mesmo não tendo da divindade uma noção tão ampla e refinada como nós, dela faziam alguma ideia, embora menos completa e mais falha. Assim, os ateus têm contra si tanto os próprios selvagens quantos os próprios filósofos mais argutos. Os ateus puramente teóricos são raros, como Diágoras, Bion e Luciano e outros mais, e ainda estes parecem sê-lo mais do que realmente o foram porque é sabido que os que combatem uma religião reconhecida ou superstição são sempre classificados como ateus. Todavia, os verdadeiros ateus são os hipócritas que manipulam as coisas santas sem alimentar sentimentos religiosos, pelo que precisarão terminar irremediavelmente na fogueira.

54. "A profanação não consiste em negar os deuses do vulgo, mas sim em aplicar aos deuses as superstições do vulgo."

As causas do ateísmo são: em primeiro lugar as cisões religiosas, particularmente se forem muitas, porque quando os partidos ou opiniões são apenas dois, a própria oposição estimula o zelo de ambos, mas se há grande diversidade de pontos de vista, essa multiplicidade de posições é geradora de dúvidas que abrem caminho ao ateísmo; em segundo lugar o comportamento escandaloso dos membros do clero, quando se chega ao ponto que levou São Bernardo a declarar: *Non est jam dicere, ut populus sic sacerdos, quia nec sic populus ut sacerdos*;[55] em terceiro lugar, o hábito da zombaria profana às coisas sagradas, o que vai gradativamente solapando o respeito devido à religião; e por último os tempos de eclosão do conhecimento, sobretudo acompanhados de paz e prosperidade, isto porque os tumultos sociais e as adversidades fazem que os espíritos humanos se voltem mais para a religião.

Aqueles que negam a existência de Deus aniquilam a nobreza humana porque se o ser humano, certamente, pelo seu corpo limita-se a assemelhar-se aos animais, se não guardar alguma semelhança com Deus pelo seu espírito, não passará de uma criatura vil e ignóbil; também aniquilam a magnanimidade e qualquer fator da elevação da natureza humana. Com efeito, observai com que coragem se vê investido um cão quando se sente estimulado por seu dono, que é para ele como um Deus ou um ser de natureza superior (*melior natura*) – coragem da qual não se sentiria investido sem a confiança que o inspira a presença e o apoio dessa natureza humana, a qual é superior à sua. Assim também o homem que se sente seguro da proteção e favorecimento divinos, disso extrai um força e uma fé, as quais a natureza humana, por si só, é incapaz de atingir. Consequentemente, o ateísmo, odioso em todos os seus aspectos, o é, particularmente, porque priva o homem do mais poderoso meio de que dispõe para erguer-se acima de sua natural debilidade. E tal como sucede com os indivíduos, sucede com as nações. Jamais houve tanta disposição para a magnanimidade quanto em Roma. Que se ouça a Cícero a respeito dessa disposição: *Quam volumus licet, patres conscripti, nos amemus, tamen nec numero hispanos, nec robore gallos, nec calliditate poenos, nec artibus graecos, nec denique hoc ipso hujus gentis et terrae domestico nativoque sensu italos ipsos et latinos; sed pietate ad religione atque hac una sapientia quod deorum immortalium numine omnia regi gubernarique perspeximus, omnes gentes nationesque superavimus.*[56]

55. "Já não se pode dizer que todo povo tem o sacerdote que merece pois agora não há povos tão pervertidos como seus sacerdotes."

56. "Mesmo que por vezes nos seja lícito vangloriarmos de nós mesmos, ó pais conscriptos, devemos nos admitir inferiores aos hispânicos numericamente, aos gauleses na robustez, aos cartagineses na astúcia, aos gregos nas artes, e ainda aos latinos e italianos nesse amor inato à liberdade que parece constituir o instinto e a alma dos habitantes dessas comarcas – se vencemos e sobrepujamos em tantas

XVII – Da Superstição

É preferível não ter qualquer noção acerca de Deus do que uma que seja indigna Dele, pois se a primeira não passa de incredulidade, a segunda é uma ofensa ímpia, podendo-se dizer que a superstição constitui uma injúria à Divindade. *Certamente*, diz o ponderado Plutarco, *seria melhor que se dissesse que Plutarco não existe do que ouvir dizer que há um homem com esse nome que devora seus filhos ao nascerem, como, segundo atestam os poetas, fazia Saturno com seus filhos.*[57]

Do mesmo modo que a superstição é mais ofensiva a Deus do que a irreligião, acaba também por ser mais perigosa para o ser humano, pois o ateísmo, a despeito de tudo, lhe reserva suportes como o senso, a filosofia, os sentimentos de ternura inspirados pela própria natureza, as leis e a reputação, todos estes podendo se revelar caminhos para construir no homem uma virtude moral exterior, ainda que desprovidos de qualquer religião; a superstição, contudo, derruba todos esses suportes e instaura na alma humana uma autêntica tirania. Além disso, o ateísmo jamais transtornou a paz das nações porque torna os homens mais prudentes, detendo-os quando se trata das indagações sobre o transcendente. Percebemos que os tempos que mais se predispõem ao ateísmo (como o de Augusto) são aqueles nos quais os povos gozam da paz, ao passo que a superstição ocasionou a queda de muitos governos ao introduzir um novo *primum mobile* que arrebatou todas as esferas do governo.

O povo está muito propenso à superstição e os sábios seguem os tolos, isto é, estes se veem obrigados a capitular diante dos estultos, e sendo os argumentos utilizados na prática com sentido inverso, os sábios ajustam os pensamentos e crenças aos usos estabelecidos, ainda que estes sejam errôneos. Tal coisa foi categoricamente denunciada por alguns prelados no Concílio de Trento, onde a doutrina dos escolásticos foi alvo de incisiva reprimenda ao declarar-se *que os escolásticos eram como astrônomos que concebiam ciclos excêntricos e epiciclos, órbitas e outras maquinações para dar conta dos fenômenos celestes, embora cientes da inexistência efetiva de tudo isso.* De maneira análoga, os escolásticos haviam inventado um grande número de axiomas sutis

---

coisas todas as nações conhecidas, foi devido à piedade, à religião, a uma espécie de sabedoria que consiste em pensar que o universo é movido e governado pela inteligência e a vontade suprema de deuses imortais."

57. Principalmente Hesíodo. Trata-se do mito pré-olímpico que psicanalítica e politicamente pode ser interpretado como a alegoria da *síndrome da perpetuidade no poder.* Saturno (ou melhor, *Cronos*) soube por uma profecia que um de seus filhos subtrairia o seu poder; como, é claro, não estava disposto a cedê-lo, devorava todos os seus rebentos quando mal saíam do útero de sua esposa, tentando frustrar a profecia. De nada adiantou, pois quando Zeus nasceu, sua mãe o ocultou e deu a Cronos uma pedra disfarçada para que este a tragasse.

e intricados, além de teoremas muito complexos, com o fito de dar conta das práticas da Igreja.

As causas da superstição são: os rituais e cerimônias que agradam aos sentidos,[58] o excesso de ostentação exterior e hipócrita de santidade, a reverência exacerbada às tradições (o que sobrecarrega e complica tremendamente os dogmas da Igreja), as manipulações e artifícios dos prelados visando a aumentar seus privilégios e lucros, a facilidade demasiada na recepção de atos religiosos que introduzem inovações na disciplina, o hábito inveterado de atribuir à Divindade as necessidades, faculdades e paixões humanas, tornando Deus semelhante ao ser humano, o que faz imiscuir à genuína doutrina uma enorme quantidade de opiniões vãs e fantasiosas e, enfim, os tempos de barbárie, especialmente quando associados a calamidades e desastres.

A superstição, quando se apresenta sem disfarce, mostra-se disforme e grotesca porque tal como a semelhança do macaco com o homem amplia a feiura do primeiro, a semelhança da superstição com a religião torna aquela mais disforme; e do mesmo modo que o alimento mais saudável é tomado pelos vermes ao se corromper, a superstição converte a verdadeira disciplina e os costumes mais respeitáveis em picuinhas e observações pueris e ridículas. Ocorre que, por vezes, pretendendo-se evitar a superstição ordinária, cai-se em outro gênero de superstição quando o ser humano pensa estar fazendo o melhor distanciando-se o máximo possível daquela superstição arraigada. Assim, quando se deseja purificar a religião, faz-se mister prevenir muito cuidadosamente o inconveniente no qual se esbarra devido ao excesso de zelo, quer dizer, é preciso empenhar-se em não mesclar o bom com o mau, o que acontece amiúde quando o povo é o reformador.

XVIII – Das Viagens

As viagens ao exterior são, no início da juventude, parte da educação, e na idade madura uma parte da experiência. Contudo, de um homem que empreenda sua viagem antes de conhecer algo da língua do país que pretende visitar, pode-se dizer que está se dirigindo à escola e não que vai viajar. Meu conselho é que os jovens viajem apenas sob a orientação de um tutor ou um servo instruído e de costumes inatacáveis, que além de ter estado anteriormente no país que se deseja visitar conheça o idioma deste e seja capaz de indicar quais são nesse país as coisas e aspectos que merecem ser observados, quais as relações que devem ser buscadas e quais ciências e artes ali podem ser aprendidas. Caso contrário, os jovens viajariam como se com os olhos vendados e mesmo longe de suas casas e de suas pátrias, perceberiam muito pouco de novo.

---

58. Ou seja, os rituais e cerimônias de cunho mágico.

É curioso que nas viagens por mar, nas quais somente é possível ver céu e água, se tenha o costume de escrever diários e que em viagens por terra, nas quais a cada passo se multiplicam os objetos dignos de atenção, se tenha esporadicamente tal hábito. Isso como se os eventos fortuitos fossem mais dignos de ser registrados do que as observações efetivas que já são, por si, o propósito da viagem. Que os diários de viagem, inclusive por terra, passem, portanto, a ser empregados.

São, principalmente, as seguintes coisas que merecem a atenção do viandante: as cortes dos príncipes, particularmente nas ocasiões em que dão audiência aos embaixadores; os tribunais de justiça no ensejo da resolução de causas e processos; as assembleias do clero; as igrejas, templos, mosteiros e outros monumentos dignos de admiração; os muros, muralhas e fortificações das cidades e povoados; os portos, ancoradouros e enseadas; as antiguidades e as ruínas; as bibliotecas, os colégios bem como faculdades e demais instituições de ensino das ciências e artes; os estaleiros e navios; os palácios e jardins mais atraentes; os passeios públicos; as casas e círculos de entretenimento; os castelos; os arsenais e fábricas de armas; os armazéns e depósitos públicos; as bolsas e bancos; as mais ricas lojas dos mercadores; as academias de equitação e esgrima; o sítio de treinamento militar e a própria disciplina militar, sua tática etc.; os espetáculos onde se apresentam os melhores atores; os tesouros e os depósitos das coisas preciosas; os guarda-móveis; os museus e, enfim, tudo que haja de mais notável por onde se passe. É também conveniente que o guia ou servo do jovem viajante tome antecipadamente todos os dados necessários acerca de todas as particularidades dignas de atenção. Quanto aos torneios, festas públicas, cavalgadas, bailes de máscaras, casamentos, funerais, execuções capitais e demais espetáculos deste tipo, não é necessário que os jovens os tenham em conta, embora não se deva desprezar inteiramente esses tipos de espetáculos.

Se se deseja que um jovem em pouco tempo torne suas viagens bastante frutíferas e, inclusive, a ponto de ser capaz de fazer delas um relatório completo e preciso, deve-se proceder da seguinte maneira: em primeiro lugar, como já dissemos, providenciar para que o jovem tenha algum conhecimento da língua do país para o qual se dirige, ao que se deve somar algum conhecimento do país por parte de seu servo. Necessário também prover-se de um livro de geografia ou de um bom mapa do país para onde se vai viajar, instrumentos que atuarão como uma chave para todas as excursões a serem feitas. Acresça-se a isso o cuidado de escrever um diário e não permanecer tempo demasiado em um mesmo sítio, mas que o período de sua estadia seja proporcional às observações que deva fazer em cada ponto.

Caso se detenha um pouco mais em uma capital ou povoado, deve mudar frequentemente de hospedagem, de sorte a multiplicar seus relacionamentos e instruir-se acerca das peculiaridades do país. Será conveniente também que evite o contato com seus compatriotas e que tome suas refeições nos locais frequentados por cidadãos dos país de boa estirpe e cultura. No seu trânsito de uma região a outra é importante obter cartas de recomendação para uma pessoa de destaque que resida na região para a qual se dirige, possibilitando-lhe caminhos e oferecendo-lhe recursos para ver e aprender tudo o que queira. Desse modo tornará sua viagem breve e colherá copiosos frutos rapidamente.

No que toca às relações mais ou menos estreitas que se possa contrair no país pelo qual se viaja, diremos que as pessoas a serem preferidas são os embaixadores e outros diplomatas, de sorte que, mesmo que se viaje sozinho por um país, pode-se adquirir esclarecimentos e experiências de muitos.

O viajante deve visitar todos os lugares frequentados pelas pessoas de maior prestígio, sobretudo as de maior renome internacional, com o intuito de observar e aquilatar por si mesmo se o aspecto, maneiras e costumes dessas pessoas fazem jus à grande reputação de que gozam.

Por outro lado, o viajante deve esquivar-se à toda rixa ou altercação, que nascem naturalmente no seio dos locais de diversão escandalosa, envolvendo jogo, comércio com prostitutas, um lugar que não foi bem guardado ou palavras ofensivas. Que evite todo relacionamento com pessoas destemperadas e briguentas, pois se o fizer por certo envolver-se-á em suas disputas.

E quando nosso viandante regressar à pátria, que não esqueça os países nos quais esteve; que cultive as amizades das pessoas de mérito e das que gozam de destaque, mantendo correspondência escrita com elas. É de se esperar que se perceba que ele viajou por países estrangeiros mais em função de seus discursos do que em função de seus gestos e trajes; que seja prudente em suas conversações e que aguarde para abordar suas viagens quanto para isso for convidado, ou naquelas oportunidades que espontaneamente lhe ofereçam ensejo para isso; que deixe manifesto que não abandonou os usos, maneiras e costumes de sua pátria para fazer alarde dos estrangeiros, mas que de tudo que pôde aprender em suas viagens elegeu o melhor para ser introduzido nos costumes e maneiras de seu país.

XIX – Da Soberania e Da Arte de Comandar

Constitui deplorável condição de espírito ter umas poucas coisas para desejar e muitas para temer e, no entanto, essa é a condição comum dos reis, os quais ocupando uma posição tão elevada, carecem de objetos de desejo, o que faz que suas almas permaneçam entregues à indolência e ao tédio. Encontram-se assediados por perigos e receios que tornam seus corações quase insondáveis, como indica claramente a Sagrada Escritura: *O coração dos reis é impenetrável.* Com efeito, as suspeitas e ciúmes em meio à falta de algum desejo predominante que possa subordinar as demais agitações que se aninham no coração do monarca e faça com sua vontade convergir a um ponto determinado tornam o coração real extremamente difícil de compreender e contentar.

É de se observar que os príncipes estão amiúde à cata de objetos de desejo pouco pertinentes ou mesmo frívolos; apaixonam-se pela caça, pela construção de edifícios, dedicam-se à fundação de uma ordem ou à proteção de um favorito, ou ainda às artes liberais ou ao artesanato. Nero, por exemplo, era músico; Domiciano, arqueiro; Cômodo, gladiador; Caracala, auriga; e assim por diante. Tais idiossincrasias se afiguram muito estranhas àqueles que ignoram que a alma humana se compraz mais avançando nas coisas pequenas do que permanecendo estacionária nas grandes. Constatamos também que os monarcas que empreenderam céleres conquistas na sua juventude e que depois se viram forçados a se deter diante da impossibilidade de seguirem à frente sem sofrer algum contratempo ou encontrar alguma barreira acabaram por se tornar melancólicos e supersticiosos, como sucedeu a Alexandre Magno, a Diocleciano, e em nossa memória a Carlos V da Alemanha;[59] isso porque quando o homem habituado a avançar rapidamente se defronta com algum óbice que o detém, o resultado é que ele se sente insatisfeito consigo mesmo e seu caráter fica transtornado.

É muito difícil conhecer a verdadeira têmpera da arte do comando, pois trata-se de algo raro e bastante inconstante e tanto a têmpera quanto a destêmpera consistem de opostos. Ademais, uma coisa é mesclar os opostos, outra é intercambiá-los. A resposta de Apolônio a Vespasiano é, entretanto, sumamente instrutiva a respeito. Vespasiano lhe indagou: *Quais as verdadeiras causas da queda de Nero?*, ao que Apolônio respondeu: *Nero era capaz de afinar e dedilhar sua harpa e tocar suas canções, mas quanto ao governo algumas vezes estirava demais algumas cordas, deixando outras demasiado frouxas.* De fato, não há nada equiparável capaz de arruinar o poder soberano quanto as variações de um governo que de maneira inoportuna passa de um extremo a outro apertando e afrouxando alternativamente as molas da autoridade.

É verdade que atualmente toda a destreza dos ministros e estadistas a serviço dos príncipes parece se reduzir mais a saber encontrar remédios eficazes para os perigos mais próximos do que se prevenir contra eles por meio de expedientes e recursos sólidos. Ficar no aguardo dos perigos, como eles fazem, não seria de certo modo o mesmo que desafiar a fortuna? Que os homens de Estado evitem a contemporização, deixando que se desenvolvam os

59. Algumas traduções ou paráfrases desta obra incluem Carlos I da Espanha.

gérmens dos tumultos ou revoluções, pois quando o combustível estiver preparado, ninguém poderá impedir que uma chispa nela produza o fogo, nem prever de onde partirá tal chispa.

As dificuldades que cercam os príncipes são muitas e gravíssimas, porém a maior de todas reside em suas próprias mentes, pois lhes é comum, segundo diz Tácito, ter vontades contraditórias (*Sunt plerumque regum voluntates vehementes, et inter se contrariae*), pois contrariam seu poder ao almejar o fim e afastar os meios para atingi-lo.

Os reis entretêm relações necessárias com seus vizinhos, com suas mulheres e filhos, com o clero, com a nobreza de alto escalão e com a secundária, ou fidalgos, com os comerciantes, com as classes inferiores, com o exército etc. Se não houver vigilância e circunspecção, de todos esses âmbitos podem emergir perigos.

No que concerne aos vizinhos, as circunstâncias e as situações são tão diversas que indicar regras gerais é simplesmente impossível, exceto por uma que convém a todos os casos e jamais se deve esquecer, a saber: os príncipes devem estar constantemente atentos para que nenhum de seus vizinhos jamais cresça (mediante o aumento do território, o desenvolvimento do comércio, as alianças ou outros meios) a ponto de se capacitar a causar-lhes transtornos. Em termos gerais, cabe aos Conselhos de Estado, que são corpos permanentes, prevenir esses tipos de males. Durante o triunvirato de Henrique VIII da Inglaterra, Francisco I da França e o imperador Carlos V, estes príncipes souberam bem acatar a regra supracitada: se vigiavam entre si tão assiduamente que nenhum dos três conseguia conquistar um palmo do terreno sem que os outros dois se unissem contra ele para restabelecer o equilíbrio, para isso servindo-se dos tratados de caráter confederativo ou, se fossse necessário, da guerra, sendo seu procedimento invariável não fazer a paz enquanto aquela meta (o restabelecimento do equilíbrio) não fosse atingida. Outro tanto pode ser dito a favor da liga (que segundo Guicciardini representou a segurança e a preservação da Itália) formada por Fernando, rei de Nápoles, Lourenço de Medici e Ludovico Sforza, o segundo duque de Florença e o terceiro, potentado de Milão.

Alguns escolásticos pensam que *uma guerra não pode ser justamente iniciada a menos que tenha havido precedentemente uma ofensa ou provacação manifesta.* Todavia, a despeito dessa posição doutrinária, cremos que o temor baseado em um perigo iminente constitui causa legítima de guerra, ainda que uma nação não tenha sido de antemão golpeada.

Quanto às rainhas (as esposas dos reis), não faltaram exemplos de perfídia. Lívia se cobriu de infâmia por ter envenenado o esposo. Depois de causar a perda do renomado príncipe Mustafá, Roxalana, a esposa de Solimã, ainda produziu vários transtornos domésticos e na sucessão do príncipe. A esposa de Eduardo II contribuiu muito para o destronamento e morte de seu marido. Essa espécie trágica de perigo e outras similares são temíveis principalmente quando as rainhas têm filhos de outro matrimônio e querem fazê-los ascender ao trono, ou quando elas têm amantes.

A história também oferece exemplos trágicos do que os reis têm de recear da parte de seus filhos, tendo estes, por sua vez, sido algumas vezes vítimas das suspeitas de seus pais. A morte violenta de Mustafá foi tão funesta à estirpe de Solimã que a sucessão dos turcos a partir da morte desse príncipe tornou-se muito dúbia por crer-se que está associada a sangue estranho, já que o rei Selim II é fictício. A morte de Crispo, jovem de inusitada cordialidade, a quem seu pai, Constantino, o Grande, mandou matar, foi igualmente fatal à sua dinastia. Outros filhos seus, Constantino e Constança, pereceram também de modo violento, e Constantino III não foi exatamente também muito afortunado, pois embora tenha morrido vitimado pela enfermidade, seu passamento ocorreu logo depois que Juliano se armou para combatê-lo. A morte de Demétrio, filho de Filipe II da Macedônia muito pesou sobre a consciência de seu pai, que morreu sob a angústia do remorso.

Muitos são os exemplos desses incidentes odiosos e, todavia, em quase nenhum deles se verifica a vantagem real que os pais teriam logrado atentando contra a vida dos próprios filhos, salvo nos casos em que estes se armaram contra os pais, como fez Selim I contra Bajazé e os três filhos de Henrique II, rei da Inglaterra, que também se voltaram contra o pai.

Os prelados poderosos e orgulhosos podem também representar perigo para os reis, como se pode depreender dos exemplos de Anselmo e Thomas Becket, arcebispos de Canterbury, que tiveram a audácia de com seus báculos medir forças com a espada do soberano e criaram problemas para príncipes que não eram destituídos de valor e firmeza, tais como Guilherme Rufus, Henrique I e Henrique II. Entretanto, os membros do clero não devem infundir grande temor aos governos a não ser quando dependem de uma autoridade estrangeira, ou quando são eleitos e recebem seus cargos do povo e não do rei ou de outros senhores particulares.

Quanto aos nobres, convém que o príncipe os mantenha a certa distância. Contudo, não é nada sábio humilhá-los e envilecê-los, pois embora com isso o soberano possa se fazer mais absoluto, terá menos segurança no trono e sua situação no sentido de realizar seus desígnios estará pior. Assim discorri em minha história de Henrique VII, rei que oprimia a nobreza e que foi a causa dos transtornos e revoluções que teve de suportar; pois ainda que os nobres se conservassem submetidos, uma insatisfação secreta os levava a não secundar os desígnios do monarca, vendo-se este obrigado a fazer tudo por si mesmo.

Quanto à nobreza secundária, por ser um corpo menos unido, é por isso menos perigosa. Por vezes produzirá algum alarme, mas sempre provocando mais ruído do que dano. E além disso, constitui um contrapeso indispensável para contrabalançar a influência da nobreza principal e impedir que esta se torne muito poderosa. E por último, a autoridade que os nobres de segunda ordem exercem sobre o povo se mostra mais imediata e apropriada para aplacar as insurreições populares.

Os comerciantes são a *veia porta* do corpo da nação. Quando não ocorre florescimento comercial, embora o corpo tenha membros fortes, o sistema circulatório carecerá de sangue e o corpo como um todo apresentará pouca resistência: haverá subnutrição. Impor taxas e tributos sobre essa classe raramente produz efeitos proveitosos do ponto de vista dos interesses da realeza porque aquilo que o rei pode ganhar sobre uma centena de indivíduos perde no país inteiro que empobrece, porque a massa dos impostos só é passível de crescer proporcionalmente à massa total de fundos empregados no comércio.

No que respeita às classes inferiores do povo, apenas representam perigo em dois casos, a saber: quando contam com um chefe que goza de grande prestígio e poder e quando a religião, os velhos costumes e o recursos de vida dessas classes são excessivamente afetados.

Finalmente, os militares representam perigo em um Estado quando formam uma corporação única e se acham muito habituados às gratificações e recompensas. Constituíram exemplos de grave perigo os janízaros de Constantinopla e a guarda pretoriana dos imperadores romanos. Mas, quando se tem a precaução de recrutar e organizar os soldados em sítios distintos determinando vários chefes para comandá-los e não os acostumando demasiado às gratificações, o Estado disporá de uma defesa permanente e isenta de riscos.

Os príncipes podem ser comparados aos corpos celestes, os quais produzem tanto o tempo bom quanto o mau e que são alvo de muita veneração, mas jamais repousam. Todos os preceitos que podem ser transmitidos aos reis estão encerrados nestas duas advertências da Sagrada Escritura: *memento quod es homo et memento quod es Deus, sive vice Dei*,[60] observações que acenam, uma para o freio de seu poder, e a outra para o freio de sua vontade.

XX – Do Conselho e Dos Conselhos de Estado

O maior voto de confiança que se pode dar a um homem é elegê-lo para conselheiro, pois em outros depósitos de confiança alguém confia a um estranho partes da vida, a saber, os bens, os filhos, o crédito, algum negócio específico; mas àquele de que alguém faz conselheiro o todo é confiado. Diante

60. "Atenta que és homem, ao mesmo tempo que és Deus ou fazes as vezes de Deus."

disso, pode-se avaliar quanta confiança e sinceridade devemos esperar dos homens por cujos conselhos nos norteamos.

Os príncipes mais sábios não precisam ver na atuação do bom conselheiro uma diminuição de sua autoridade ou a consideração de que falta a ele, o príncipe, aptidão ou capacidade de governar, pois o próprio Deus tem o seu Conselho, e o nome mais augusto que conferiu ao seu abençoado filho é o de *Conselheiro*. Declarou Salomão que é no Conselho que reside a segurança. A isenção total de contrariedades não é inerente às coisas humanas, mas se os assuntos não são discutidos e examinados mais de uma vez em um Conselho, estarão à mercê de todas as agitações e vicissitudes da sorte; oscilarão entre incertezas, entre o fazer e o desfazer e sua marcha incerta e vacilante será como o caminhar de um homem ébrio. O filho de Salomão conheceu, pela própria experiência, a força de um bom Conselho, na medida em que seu pai experimentara sua necessidade; isto porque devido a um Conselho mal selecionado o amado povo de Deus se viu primeiramente desmembrado e depois arruinado, podendo-se fazer a respeito duas observações muito instrutivas, úteis para se conhecer os bons corpos consultivos e distingui-los dos maus; a primeira, que toca às pessoas, é que o Conselho dos israelitas era totalmente composto de jovens; a segunda [que tange ao caráter das deliberações] é que suas resoluções eram violentas.

A sabedoria da antiguidade irradia em um mito que parece ter sido concebido para mostrar aos reis quanto é do interesse deles estar estreitamente unidos e que como que incorporados ao seu Conselho, ao mesmo tempo que tal mito acena para a grande prudência e boa política com a qual deve sevir-se dele. Esse mito principia por narrar que Júpiter desposou Métis, que é emblemático de Conselho, significando que este e o soberano devem estar unidos. O mito prossegue contando que Métis, fecundada pelo pai dos deuses, engravidou, mas que Zeus, ansioso e não desejando o período da concepção, a devorou, sentindo em seguida ele próprio uma espécie de gravidez que não cessou enquanto ele não deu a luz à Palas, que saiu armada de sua cabeça.[61]

Esse mito, por mais monstruoso que pareça, encerra um dos maiores segredos da arte de governar e nos ensina como os monarcas têm de fazer uso de seu Conselho de Estado. Primeiramente deve-se consultá-lo no que tange a todos os negócios importantes, o que corresponde àquela primeira fecundação e primeira gravidez; em segundo lugar, uma vez tenham sido os assuntos debatidos e bastante desenvolvidos no seio do Conselho e estejam na condição de serem publicados, não deve ser permitido que se vá adiante atribuindo a

61. Palas Atena, a qual representa principalmente a inteligência e a sabedoria, emergiu inteira e adulta, toda armada, diretamente da cabeça de seu pai.

deliberação ao Conselho ao publicá-la; ao contrário, o resultado e deliberação sobre o assunto deverão ser publicamente atribuídos ao príncipe para que a nação se convença de que as ordens definitivas e decretos (comparáveis a Palas armada porque são promulgados com toda a maturidade, prudência e autoridade necessárias) emanam exclusivamente do chefe supremo; e não só que provêm de sua autoridade, o que bastaria para dar crédito ao seu poder, mas não para ampliar e sustentar sua reputação, mas que também provêm de sua vontade, de sua prudência e de seu próprio entendimento.

Examinemos agora quais são os inconvenientes do Conselho (aos quais um príncipe se expõe ao consultar este último) e dos remédios a lhes serem administrados. São principalmente três: em primeiro lugar a falha em manter os segredos ocultos, isto é, a revelação dos mesmos;[62] em segundo, o enfraquecimento da autoridade do soberano, transparecendo simultaneamente que o monarca não está confiante em sua própria capacidade; o terceiro tem como base o perigo de receber conselhos desleais e que escondem interesses pessoais do conselheiro, ou seja, conselhos mais proveitosos àquele que os dá do que àquele que os recebe.

Com a finalidade de prevenir tais inconvenientes, os italianos e os franceses utilizaram no governo de alguns de seus monarcas os Conselhos secretos, conhecidos como *Conselhos de gabinete*, que é um medicamento pior do que a doença que se pretende curar.

Quanto ao segredo, o príncipe não é obrigado por ninguém a comunicar ao seu Conselho todos os negócios, podendo selecionar aqueles que pretende comunicar e a quem comunicar. Tampouco convém que quando o príncipe apresenta um assunto para deliberação, expresse seu próprio parecer, devendo, ao contrário, agir de modo muito reservado nesse aspecto e tomar o máximo cuidado para que não descubram sua opinião. Quanto ao Conselho de gabinete, poderiam afixar à porta do gabinete estas palavras: *Plenus rimarum sum.*[63] Uma única pessoa suficientemente vaidosa para ufanar-se de ser detentor de um segredo e bastante indiscreta para revelá-lo causará cem vezes mais dano do que muitas pessoas que, ainda que carentes de qualidades excepcionais, estivessem convictas de que seu dever primordial consiste em manter o sigilo.

É indubitável que há negócios que exigem a mais completa reserva, o que muito dificilmente obtém-se se é transmitido a mais de uma ou duas pessoas, além do príncipe, o que não inviabiliza tais Conselhos reduzidos pois além da

62. Na contemporaneidade política corresponde essencialmente ao chamado *vazamento de informações*, aliás nada raro nas muitas dúbias democracias atuais.

63. "Estou repleto de vazamentos."

possibilidade de guardar melhor o segredo, costumam avançar constantemente em uma mesma direção, sem desvios inconvenientes. Entretanto, para isso é mister uma grande prudência por parte do príncipe e que suas mãos sejam suficientemente vigorosas e destras para manobrarem por si mesmas o timão. É necessário, ademais, que esses conselheiros com os quais é preciso manter tanta intimidade e com os quais o príncipe precisa comunicar-se abertamente sejam leais, de reconhecida e indiscutível probidade e autenticamente interessados nas metas de seu senhor. Quanto a isso, deu exemplo Henrique VII da Inglaterra, o qual jamais confiava seus assuntos mais relevantes e delicados a não ser a Fox e Morton.

Quanto ao enfraquecimento da autoridade do príncipe, o mito supracitado indica também o remédio pois quando o príncipe assiste em pessoa à tomada das deliberações, sua presença mais realça do que rebaixa o brilho e a majestade reais. Nunca se ouviu falar de qualquer príncipe que houvesse perdido algo de sua autoridade por ter muito escutado do seu Conselho; dois casos constituem exceção nesse ponto: quando certos indivíduos granjearam grande influência ou quando muitos membros se uniram em torno de objetivos particulares – dois inconvenientes fáceis de serem descobertos e remediados.

No que diz respeito ao último dos inconvenientes, ou seja, conselhos desleais e que refletem interesses pessoais do conselheiro, é certo que as seguintes palavras das Sagradas Escrituras, a saber, *Non inveniet fidem super terram*[64] se aplicam a este século, visto no seu conjunto e não a determinados indivíduos. Felizmente, ainda há homens leais, sinceros, verazes, inteiramente guiados pela retidão e a franqueza, e não pela velhacaria, a mentira e a dissimulação. São tais homens que os príncipes devem procurar atrair para si e prender mediante os mais fortes laços. Ocorre que raramente os conselheiros de Estado se mostram capazes de perfeito entendimento e consenso entre si; de ordinário, a inveja e a desconfiança mútuas os levam a se vigiar e ser sentinelas uns dos outros, de sorte que se algum deles se aventurasse a dar conselhos capciosos e propícios aos seus interesses particulares, o príncipe seria logo advertido a respeito.

Mas o remédio decididamente eficaz para esse inconveniente é os príncipes tratarem de conhecer os seus conselheiros tão bem como estes se conhecem entre si, já que a qualidade primordial de um monarca consiste em conhecer profundamente os homens aos quais emprega: *Principis est virtus maxima nosse suos.*

Por outro lado, não cabe aos conselheiros sondar demasiado acerca da pessoa do príncipe. Os mais excelentes conselheiros são os que utilizam os seus

64. "Sobre a terra não haverá fidelidade."

talentos e habilidades mais para facilitar o encaminhamento e solução dos negócios de seus senhores do que para captar os pensamentos destes e conhecer o caráter dos monarcas. Animados de tal espírito, se ocuparão sobretudo em lhes proporcionar sábios conselhos e não em despender seu tempo os bajulando e os comprazendo. Um método que pode revelar-se utilíssimo aos príncipes é solicitar o parecer aos seus conselheiros algumas vezes em assembleia e outras vezes isoladamente, pois uma orientação dada particularmente tende a ser mais livre e sincera, ao passo que em público há mil considerações que forçam a reservar parte da própria opinião e, por vezes, até a opinião toda. Numa conversação particular a pessoa se deixa levar mais ardentemente por seu próprio impulso, enquanto que em uma assembleia a tendência é ceder aos impulsos dos outros. São, pois, necessários estes dois recursos alternadamente: consultar particularmente os conselheiros menos influentes com o fim de ouvi-los quanda nada embaraça suas ideias, e consultar em plena sessão da assembleia aqueles que têm mais ascendência, visando a contê-los mais facilmente dentro dos limites do respeito ao príncipe.

Será inútil a um príncipe consultar o seu Conselho acerca dos negócios se ele não consultar também sobre as pessoas que emprega ou que deseja empregar nesses negócios, porque os negócios são como as imagens inanimadas, seus resultados dependendo das pessoas escolhidas.

É preciso considerar, entretanto, que as informações obtidas acerca dos indivíduos não contenham apenas uma ideia geral (*secundum genera*), imprecisa e semelhante às que servem de fundamento aos teoremas da matemática, sendo necessário que encerrem uma ideia precisa e específica: que as indagações dessa natureza tenham por objeto o caráter individual e o talento próprio das pessoas a serem empregadas, pois a escolha judiciosa e acertada dos homens constitui a prova mais evidente que um príncipe pode dar de sua discrição; ademais, os erros mais perigosos são os cometidos em torno desse ponto. Foi com razão que se afirmou que os melhores conselheiros são os mortos (*optimi consiliari mortui*) e, portanto, os livros falarão sem eufemismos diante das adulações ou bajulações que os conselheiros fazem em certos casos. Assim, por vezes revela-se proveitoso conferenciar com os livros, principalmente com os que foram escritos por homens que desempenharam papéis importantes no cenário mundial.

Atualmente, em muitos lugares, os Conselhos não passam de uma espécie de *reuniões familiares* nas quais mais se conversa ou se tagarela sobre os assuntos do que se os debate, mesmo quando muitas vezes haja necessidade urgente de se chegar a conclusões e converter em decretos esses resultados superficiais. Seria muito melhor, ao se tratar de assunto de grande relevância, propô-lo em um dia e marcar para o dia seguinte a sua resolução, posto que a noite amadurece as ideias (*in nocte consilium*). Assim foi feito quando foi proposta a união da Inglaterra com a Escócia, assembleia na qual muita ordem e regularidade imperaram. Creio que um dia fixo deveria ser designado para as petições particulares, já que cientes do dia em que serão atendidos, os apresentadores das petições se limitariam a preparar-se para então, deixando as audiências livres para tratamento dos assuntos do Estado (*hoc agere*).

Quanto à escolha dos secretários encarregados de informar os conselheiros a respeito dos assuntos a serem abordados, deverão ser pessoas inteiramente indiferentes ou neutras, que careçam de opinião firmada, o que é melhor do que tentar estabelecer uma espécie de equilíbrio, juntando, em função desse objetivo, pessoas de opiniões opostas, estando cada uma delas em condição de defender a opinião ou opiniões que professe. Seria desejável para mim que fossem criadas comissões perpétuas incumbidas de diferentes objetos, tais como o comércio, os tributos, a guerra, os processos e delitos etc. e coisa idêntica para certos assuntos e províncias. Nos Estados nos quais existem muitos Conselhos subordinados a um Conselho superior, como ocorre na Espanha, os inferiores são, a rigor, nada mais do que comissões permanentes análogas às que indicamos aqui, embora investidas de maior autoridade.

No caso de o Conselho ter de colher informações relativas a assuntos característicos de diversas profissões (juristas, navegantes, comerciantes, artesãos etc.), consultará preferivelmente os homens que exercem tais profissões, devendo as informações chegarem aos secretários e, se o caso o exigir, ao Conselho em assembleia.

É também inadmissível que os conselheiros atuem de maneira tumultuada e tampouco que discursem aos berros no estilo da tribuna, já que isso serviria mais para aturdir e fascinar a assembleia do que para instruí-la.

O fato de a mesa ser longa ou quadrada, ou de os assentos serem dispostos ao redor da mesa ou junto à parede é assunto simplesmente formal, mas de grande importância, pois quando a mesa é demasiado longa, o pequeno número de pessoas sentadas à extremidade principal tem sobre as demais uma vantagem natural que, amiúde, as tornam senhoras do assunto, ao passo que em uma mesa quadrada teriam a mesma vantagem os conselheiros que ocupassem o lado oposto.

Quando o príncipe preside pessoalmente o Conselho, deve ter sumo cuidado no sentido de ocultar suas ideias e opiniões e também esforçar-se para que os conselheiros não consigam penetrar em sua mente, pois se o conseguirem, em lugar de expressar cada um deles seu próprio parecer, emitiriam todos o do príncipe, desejosos de lisonjeá-lo, e esquecendo o dever de aconselhar de maneira livre e espontânea, lhe fariam o cântico do salmo *Placebo*.

XXI – Das Demoras, Contemporizações e Morosidade no Encaminhamento dos Negócios

A fortuna é como o mercado onde aguardando-se um pouco costuma-se comprar mais barato. Todavia, há ocasiões em que se parece com a Sibila, que à medida que incinera suas mercadorias eleva o preço das que não são incineradas e ficam em seu poder. A ocasião, diz o poeta, *tem de frente basta cabeleira, mas é calva por trás*, e quando apresenta a chávena tem o cuidado de apresentar primeiro a asa e só depois o lado oposto, por onde é mais difícil segurá-la.

O estágio mais alto do saber humano consiste em conhecer qual o momento oportuno para iniciar e terminar as coisas. Os perigos não parecem mais leves quando antes já o pareceram, e mais em função de sua grandeza, prejudicam aos homens porque os surpreendem. Quando já percebemos sua presença, é mais conveniente partir para afrontá-los do que aguardá-los, pois a sentinela que vigia tempo demasiado tende a adormecer quando o inimigo já está próximo. E, pelo contrário, não há por que deixar-se assustar com sombras, como esses soldados que se deixam enganar por um reflexo produzido pela lua, a qual, quando está muito baixa, dá de costas para os inimigos e projeta sua sombra adiante, fazendo crer que se acham mais próximos e estimulando para que se dispare contra eles em vão, já que tais disparos não os alcançam.

Antes de atuar, é mister assegurar-se de que o negócio atingiu o ponto de maturidade necessário e, falando-se em termos gerais, para realizar um projeto importante convém encarregar Argos, aquele dos cem olhos, do princípio, e Briareu, o de cem braços, do fim, isto é, é imperioso compreender a necessidade de ser primeiro muito vigilante para ser depois muito ativo.

O capacete de Plutão,[65] que segundo o mito encobre a marcha do homem hábil e o torna invisível, representa apenas o segredo no Conselho e a celeridade do encaminhamento dos negócios rumo à sua solução; e quando chega o momento de agir, mais significa a rapidez do que a reserva, pois tudo ocorrerá como o trajeto da bala do fuzil pelo ar, que à velocidade de seu movimento passa invisivelmente diante de nossos olhos.

XXII – Da Astúcia

Entendemos por *astúcia* a sabedoria sinistra ou distorcida. E por certo há uma grande diferença entre o homem sábio e o homem astuto, não só do ponto de vista da virtude como também daquele da habilidade, como ocorre entre os jogadores – o que embaralha e maneja as cartas com maior agilidade e destreza nem sempre é o melhor jogador.

---

65. O Hades dos gregos, senhor do mundo subterrâneo dos mortos ou *inferno*.

Há homens que têm qualificação para produzir sondagens e intrigas, mas aos quais falta coragem. Ademais, há muita diferença entre lidar com as coisas e compreender as pessoas. Há quem é capaz de penetrar a parte débil dos outros e, não obstante, permanece ignorante do essencial dos assuntos. Esta é a característica daqueles que mais estudaram a humanidade do que os livros. Os indivíduos que pertencem a essa categoria se prestam melhor à prática do que à teoria e mais para a execução do que para a deliberação. Podem ser úteis enquanto se caminha por sendas que lhes sejam amplamente conhecidas. Contudo, no momento em que são ligeiramente desviados de sua rota, toda a sua astúcia e seus expedientes não servem para mais nada. Eis aqui a regra antiga para distinguir um tolo de um sábio: *Mitte ambos nudos ad ignotos, et videbis.*[66]

Como esses homens astuciosos de que falamos são semelhantes aos pequenos lojistas, não será sem utilidade descobrir o interior de suas lojas.

Um método muito empregado pelas pessoas astutas consiste em observar com atenção o rosto de seus interlocutores, como fazem os jesuítas, pois há alguns homens que conseguem manter reservados os segredos de seus corações mas que, no entanto, deixam transparecer no semblante o estado de seu espírito: subentende-se que, tal como no caso dos jesuítas, aquele que fita o seu interlocutor deverá ter o cuidado de baixar o olhar intermitentemente.

Um outro recurso que a sagacidade oferece para lograr fácil e prontamente o que se deseja de outra pessoa consiste em começar por entretê-la com um assunto que se sabe ser de seu grande interesse, para que, preocupada com ele, deixe de pôr objeções àquilo que propomos. Conheci um indivíduo que era secretário e conselheiro durante o governo da rainha Elizabete; quando trazia à rainha algum documento para que assinasse, principiava por distrair a atenção dela com algum assunto de suma importância, artifício pelo qual obtinha a assinatura do documento sem nenhuma dificuldade.

Também se pode obter através do elemento-surpresa o assentimento de uma pessoa apresentando-lhe a proposição em momentos em que se encontre ocupada com negócios de extrema premência, os quais monopolizando sua atenção e estando a pessoa inteiramente concentrada neles, não lhe proporcionam tempo algum para que se fixe devidamente no assunto que lhe é apresentado.

Um expediente ou recurso de grande eficácia para minar e aniquilar um assunto que, proposto e administrado por outra pessoa com prudência e sagacidade daria bom resultado, é encarregar-se pessoalmente de sua apresentação e simulando o desejo de um desfecho coroado pelo êxito conduzi-lo de maneira que tudo se torne frustrado.

---

66. "Enviai ambos destituídos de qualquer recomendação para tratar com estranhos e vereis seus resultados."

Interromper a si mesmo na metade do discurso, como se houvesse involuntariamente cometido um equívoco, constitui um bom meio de despertar a curiosidade do ouvinte, que passará a desejar conhecer todo o restante que foi insinuado mediante esse ardil.

Como o que se diz é sempre mais interessante e produz melhor efeito mais quando despertamos no outro o interesse de nos indagar algo do que quando nos pomos a discursar motivados por nossa própria vontade e sem que ninguém o tenha desejado, dever-se-á tentar conseguir a primeira situação fingindo-se uma mudança notável no tom da voz e na expressão fisionômica, com o fito de incitar o interlocutor a que nos interrogue sobre a causa da mudança, de modo a podermos explicá-lo. Neemias se valeu desse expediente, respondendo da seguinte maneira à pergunta que lhe foi feita pelo príncipe: *Esta é a primeira vez que meu semblante surge triste diante do rei.*

Quando é necessário comunicar notícias aflitivas ou desagradáveis deve-se empregar o artifício segundo o qual a primeira notícia seja dada por uma pessoa subalterna cujas palavras não gozem de tanta autoridade, reservando-se a parte principal da notícia a uma pessoa de maior distinção, a fim de que esta seja interrogada e a resposta pareça muito natural e indispensável à pergunta que se faz; de tal meio se valeu Narciso para notificar o imperador Cláudio do novo casamento de Messalina com Sílio.

Quando se quer divulgar uma notícia sem atrair a atenção pública diretamente para si, convém utilizar este tipo de frase: *Diz-se que...* ou *As pessoas diziam que....*

Um certo indivíduo que conheço sempre que escreve uma carta acerca de um assunto que o interessa muito discorre ao longo de toda a epístola de coisas de pouca importância, reservando aquilo que lhe suscita maior interesse para o *postscriptum*, onde faz menção disso como se o tivesse esquecido e lhe parecesse quase indiferente.

Um outro conhecido meu fazia uso de um ardil quase semelhante quando se dirigia a uma pessoa para falar-lhe de um assunto que a ele interessava: encetava a conversação não se referindo nem direta nem exclusivamente ao objeto que o interessava; e prosseguia com outros assuntos até quase encerrar o diálogo e despedir-se – só então se ocupava do assunto importante para ele, como se fora de algo de que houvera quase se esquecido.

Há outros que, calculando a hora em que serão visitados por alguma pessoa com o propósito de tratar de algum assunto que lhes interessa, se põem a ler uma carta relativa ao próprio assunto, ou a fazer algo que com este se relacione; o objetivo dessa estratégia é criar uma situação propícia para serem interrogados e abordarem o assunto como se fosse por casualidade.

Outro recurso da astúcia consiste em proferir algumas palavras atrevidas diante de uma pessoa que seja propensa a atribuir-se os pensamentos alheios, com o fito de que a pessoa as repita em um outro lugar, atraindo para si culpa e desprestígio. Dois conhecidos meus desejavam o cargo de secretário da rainha Elizabete. Ainda que ambos procurassem eliminar o rival, conviviam bastante amigavelmente e um deles, tocando no tal assunto, disse ao outro: *Ser secretário quando o monarca se acha na fase de declínio de sua vida é coisa muito delicada que não me interessa.* Quem ouvia essas palavras foi suficientemente imprudente para dizer na presença de vários amigos que não alimentava nenhum interesse de ocupar o cargo de secretário porque era muito perigoso ocupá-lo *quando o monarca se achava na fase de declínio de sua vida.* Tendo o outro aspirante à secretaria ficado a par disso, providenciou para que tal declaração chegasse ao conhecimento da rainha, atribuindo-a ao seu adversário. Profundamente desgostosa, a rainha desde então não permitiu que o candidato desastrado ao cargo sequer mencionasse sua pretensão.

Uma outra face da astúcia e que constitui recurso análogo ao acima exposto é o que denominamos familiarmente *the turning of the cat in the pan*,[67] e que consiste em atribuir à outra pessoa exatamente o que nós dissemos. Quando se diz algo sem testemunhas, é difícil descobrir quem o disse.

Também constitui recurso da astúcia acusar indiretamente aos demais desculpando-se a si mesmo, mediante negativas, como por exemplo: *isto eu não faria* etc., expediente a que recorreu Tigelino para fazer que Nero suspeitasse de Burro: *Se non diversas spes, sed incolumitatem imperatoris simpliciter spectare.*[68]

Outros dispõem de copiosas narrativas e histórias que fazem que sirvam aos seus propósitos, insinuando com elas quanto querem dizer, conseguindo assim tornar agradável o que têm de comunicar e proteger por trás dessas histórias.

Também é típico dos astutos oferecer capciosamente na pergunta que formulam a resposta que querem obter.

Há pessoas que nas conversações aguardam por um tempo infindável a oportunidade de arriscar o querem dizer. De quantos rodeios e subterfúgios se utilizam antes de se fixarem no ponto em pauta! De quantos assuntos distintos tratam e recordam antes de abordar o seu! Esta é uma arte que requer muita paciência, o que, entretanto, não elimina sua utilidade.

Uma pergunta súbita, ousada e inesperada basta, por vezes, para desconcertar o mais sereno dos homens e fazê-lo expor-se. Ocorreu algo nesse sen-

---

67. "A virada do gato em torno da panela."

68. "Eu, de minha parte, não tenho projetos ulteriores e só desejo que o imperador siga perfeitamente."

tido a um indivíduo que mudara de nome e um dia entrou na Igreja de São Paulo; alguém dele se aproximou e o chamou pelo nome ao ouvido, diante do que voltou a cabeça apressadamente, com o que ele próprio se revelou.

Esses artifícios e trejeitos da astúcia são inúmeros e seria conveniente fazer deles uma coletânea porque nada é tão prejudicial em um Estado como o fato de os astutos passarem por sábios.

Entre os astutos há aqueles que só servem para iniciar e concluir os negócios, sendo completamente inúteis no desenrolar destes. Assemelham-se a uma dessas residências de atraente aspecto, dotadas de magnífica porta e uma escada não menos suntuosa, porém desprovidas de um único aposento que ofereça efetiva comodidade. Sempre que um assunto se avizinha do fim, é possível que descubram alguma boa saída, porém enquanto se delibera a respeito do assunto e menos ainda quando se o debate, em nada contribuem. Dizem que não nasceram para discutir, mas para praticar e dirigir os outros; preferem construir suas fortunas com base nas armadilhas que preparam para os outros do que sobre fundamentos sólidos e duradouros. Que se lhes lembre aquela máxima de Salomão: *Prudens advertit ad gressus suos; stultus divertit ad dolos.*[69]

XXIII – Da Falsa Sabedoria do Egoísta

A formiga é um pequeno animal bastante sábio no que se refere aos seus interesses, mas nem por isso deixa de ser uma praga para os jardins e as hortas. Igualmente, o homem que ama a si mesmo excessivamente é uma autêntica calamidade pública. Aprendei a compatibilizar vossos interesses com os da sociedade; sabei ser justos com vós mesmos sem serdes injustos com os outros e, sobretudo, com vossa pátria e vosso rei. O homem que faz de si mesmo o centro de todas as suas aspirações e desígnios é um homem vil. Isto seria imitar a Terra que somente gira em torno de si mesma, ao contrário das coisas que têm afinidade com o céu, as quais se movem em torno do outro, ao qual beneficiam.

O egoísmo de um príncipe é tolerável pois a despeito de um príncipe fazer de sua pessoa o centro de todos os seus interesses, estes não são os de um único homem mas sim de um grande número de seus semelhantes, afetando muito a todos o bem e o mal que a ele suceda. Contudo, quando esse vício chega ao ponto de constituir o exclusivo móvel de um súdito de uma monarquia ou de um cidadão de uma república, converte-se em uma verdadeira calamidade pois todos os negócios que passam por suas mãos serão tisnados por suas metas egoísticas, o tortuoso caminho percorrido dos interesses particulares,

69. "O prudente se afana por seus assuntos; o tolo se perde em maquinações."

que são quase sempre contrários aos interesses do príncipe ou aos do Estado.[70] Por isso, os monarcas devem depositar sua confiança somente em homens que não padeçam desse vício e muito menos se acham dominados por ele – isto se quiserem que os encargos a eles confiados resultem no proveito que é neste caso a expectativa.

O que torna mais danoso o egoísmo dessa classe de homens é que o benefício particular que reservam para si mesmos não é proporcional ao enorme prejuízo que produzem para os outros. Seria muito criminoso que sacrificassem os interesses do príncipe proporcionalmente aos seus interesses particulares; mas, maior crime seria buscar uma pequena vantagem ao custo de grandes prejuízos ocasionados ao soberano ou ao Estado, o que é precisamente o que fazem os ministros, tesoureiros, embaixadores, generais, funcionários do Estado etc., quando estão dominados pelo vício de que falamos, tal como outros servidores públicos desleais e corrompidos. Uma vez seus interesses colocados na balança sempre se inclinam para si, arruinando muitas vezes os mais importantes negócios que o seu senhor lhes confiou. Frequentemente ocorre que a vantagem por eles lograda limita-se a ser proporcional à sua fortuna, ao passo que o prejuizo que produzem se relaciona àquela do monarca, pois os egoístas não têm escrúpulos e pouco se lhes dá se tiverem de incendiar a casa do vizinho para contar com fogo suficiente para fritar um ovo. E, entretanto, esses homens merecem a confiança de seus senhores, visto que seu afã é servi-los melhor para deles extrair mais proveito, ainda que devido a qualquer novo benefício abandonarão aquilo de que foram antes encarregados.

A sabedoria do egoísta é de várias espécies, todas perniciosas. Por vezes é a sabedoria dos ratos que se apressam em abandonar uma casa quando esta está na iminência de desmoronar-se; outras vezes é a sabedoria da raposa, que surpreende o texugo junto à cova que este produziu, dela tirando proveito; outras ainda é a do crocodilo que verte lágrimas quando se prepara para devorar a presa. Todavia, o que não se deve esquecer é que esses homens que, sem ter rivais são tão amantes de si (*sui amantes sine rivali*, como dizia Cícero referindo-se a Pompeu), acabam geralmente fracassando após não terem feito outra coisa durante a vida senão sacrificar-se ante a inconstância da fortuna, cuja roda buscaram fixar com seu egoísmo.

70. Os interesses do príncipe na monarquia identificam-se com os dos súditos, enquanto que os dos governantes em um sistema republicano (oligárquico, aristocrático ou democrático) identificam-se com os dos cidadãos.

XXIV – Das Inovações

Todo animal nasce sem forma definida, o que se pode dizer também das inovações, que são os recém-nascidos do tempo. Essa regra apresenta suas exceções, já que vemos com frequência que os primeiros indivíduos que trazem honra a uma família são mais meritórios do que seus descendentes. É o que ocorre com todo original, cujo mérito (se realmente o possui) raramente é atingido pelas imitações pois o mal, que a natureza humana acompanha desde que se perverteu, apresenta um movimento natural sempre crescente, ao passo que o bem, o qual apenas marcha impulsionado por uma força externa, era maior no princípio.

Toda medicina é uma inovação, e aquele que não aplica medicamentos novos deve esperar males novos. O maior de todos os inovadores é o tempo. Contudo, como o tempo altera naturalmente as coisas para o pior, se a sabedoria e o discernimento não as mudarem para o melhor, o que resultará de tudo isso? É certo que as instituições há muito estabelecidas são mais convenientes aos costumes e hábitos daqueles que se regem por elas, granjeando-se com essa longa união uma conformidade e conexão que as mantêm ajustadas entre si, enquanto que as instituições novas, por mais úteis que sejam, introduzem um certo transtorno nas antigas devido à sua inconformidade. São encaradas como os estrangeiros, que inspiram mais surpresa e curiosidade do que carinho.

Tudo o que acabamos de dizer se mostrará de grande acerto sempre que o tempo não introduzir ou reclamar naturalmente alguma mudança, porém não no caso oposto, pois o tempo transcorre perenemente e a excessiva duração das instituições e um apego obstinado aos antigos costumes produzem males iguais ou ainda maiores (além de turbulências) do que as próprias inovações, sendo os que têm veneração pelas instituições antigas considerados como objeto de riso e de escárnio pelos seus contemporâneos. Diante disso, os homens deveriam imitar nas inovações o comportamento do tempo, que é o produtor de grandes e radicais transformações, mas paulatinas, por estágios que mal se fazem perceber. Caso contrário, toda novidade será encarada com desconfiança e mesmo que melhore algumas coisas, causará a piora de outras, pois quem ganha com a reforma o atribui apenas ao tempo, ao passo que aquele que se sente prejudicado a vê como uma injustiça e transforma os inovadores no objeto de suas queixas.

Deve-se refletir muito maduramente antes de introduzir tentativas inovadoras nos Estados, exceto naqueles casos de necessidade premente ou de conveniência palpável. E, ainda assim, é preciso assegurar-se de que o móvel da mudança é o desejo de reformas saudáveis e não o desejo de mudar o que produz as reformas. Em síntese, toda inovação deve ser senão rechaçada, ao menos olhada como suspeita, que é o que nos transmite a Sagrada Escritura mediante as seguintes palavras: *Comecemos trilhar nosso caminho pelas sendas antigas e observemos à volta delas a fim de descobrir rota melhor; em seguida caminhemos por esta.*

XXV – Da Diligência nos Negócios

A diligência afetada é nos negócios um verdadeiro obstáculo, podendo-se compará-la ao que os médicos chamam de *pré-digestão* ou digestão precipitada, a qual acelera excessivamente o progresso das operações estomacais, o que enche o corpo de coisas cruas e sementes secretas de enfermidades. Não se deve, portanto, medir a diligência pelo tempo empregado, mas sim pelo progresso do assunto pois, tal como na corrida não se adianta mais erguendo-se muito os pés e dando grandes saltos decompostos, mas sim orientando-se bem as passadas e aproveitando as forças, nos negócios a atividade não consiste em abarcar o assunto todo de uma vez, mas sim acompanhar o assunto com constância e discrição.

Há muitos homens que se prezam de ser muito esforçados e laboriosos, e sendo mais hábeis em parecer destros e ligeiros do que o serem realmente, agem com precipitação sem lograr qualquer proveito. Abreviar um negócio simplificando as matérias ou as partes nelas encerradas e simplificá-lo trancando essas mesmas partes são duas coisas muito distintas. Quando um negócio é tratado com precipitação, adianta-se ou atrasa-se alternativamente sem contar-se com segurança no que se faz, sendo preciso principiá-lo mais de uma vez. Conheci um homem muito inteligente que quando assistia a alguém exibindo muita pressa para encerrar algum assunto, dizia: *Não corras tanto e chegarás mais depressa.*

A verdadeira diligência é uma qualidade preciosa porque o tempo é a efetiva medida do valor dos negócios, tal como o dinheiro o é relativamente às mercadorias e, no que concerne àqueles que investem muito tempo, pode-se dizer que custam muito caro. A pouca diligência dos espartanos[71] entre os antigos e a dos espanhóis entre os modernos tornaram-se proverbiais, tendo gerado o seguinte adágio: *Mi venga la muerte de España*,[72] quer dizer, se minha morte vier da Espanha, estarei seguro de morrer de velhice.

---

71. O autor provavelmente alude ao famoso incidente que acabou causando o massacre dos *trezentos de Esparta*. A pouca diligência na tomada de decisões por parte dos magistrados de Esparta com relação ao iminente e colossal perigo representado pelos persas teria provocado a ação extremamente corajosa e heroica do rei de Esparta, Leônidas, que, entretanto, acabou sendo forçado a deslocar-se para o desfiladeiro das Termópilas, esbanjando estratégia militar, mas contando com um minguado contingente de bravos soldados, ou seja, apenas sua guarda pessoal. A lentidão dos magistrados para deliberar a disponibilização de tropas foi a principal causa da derrota dos heroicos *trezentos de Esparta*.

72. Em espanhol no original acrescido do inglês: *Let my death come from Spain*.

Convém ouvir atentamente aos que fornecem as primeiras explicações a respeito de um assunto, furtando-se rigorosamente de interromper-lhes a sequência do relato, pois tendo eles de antemão o encadeamento de suas ideias, se forem constrangidos a alterar tal ordem, acabarão por repetir muitas vezes uma mesma coisa até ordenarem novamente o seu discurso, o que desta forma não será tão bem-feito como o teria sido se tivesse podido se fazer ouvir sem serem interrompidos. No teatro ocorre ser o ponto muitas vezes mais inconveniente e incomodatício do que o ator.

Não há dúvida de que as repetições causam perda de tempo e, todavia, nada abrevia tanto quanto elas os negócios quando são empregadas para esclarecer bem o estado daqueles, com o que todos são poupados em uma grande medida dos discursos inúteis. Os discursos prolixos e rebuscados são tão convenientes às explicações dos negócios quanto um vestido de cauda longa o seria para correr.

Os discursos preliminares, as digressões, as escusas, os cumprimentos e outros necessários que apenas servem e interessam a quem os emprega ocasionam a perda de muito tempo e, ainda que pareçam demonstrações de modéstia, o que os sugere, contudo, tem como causa a vaidade. Mas, se se observa que as pessoas com as quais se tenha estabelecido ou se vá estabelecer-se algum negócio se acham em uma disposição contrária, não convém apressar-se em entrar na matéria pois toda prevenção do espírito requer um exórdio ou preâmbulo, assim como se requer um longo reaquecimento para ocorrer a penetração de um unguento.

A atividade por excelência nos negócios é a ordenação, o método, uma judiciosa distribuição e classificações precisas. Contudo, é desnecessário que estas se multipliquem excessivamente ou se fundam em distinções muito sutis, pois se é certo que aquele que não classifica o todo jamais poderá compreender bem o assunto, também é certo que aquele que o divide ou classifica demasiadamente nunca poderá desenredar-se disso. O autêntico meio de poupar tempo é utilizar bem aquele de que dispomos pois tudo que se faz fora de estação não passa de barulho inútil. Em todo negócio há três partes essenciais: a preparação, o exame ou discussão e a execução. Ora, se o objetivo é ser diligente, o exame é o que exige mais tempo e mais pessoas: as outras duas partes exigem bem menos.

Proceder registrando tudo por escrito ao principiar um negócio constitui um meio que facilita a discussão e contribui para a diligência, pois mesmo que se suponha que esse primeiro registro por escrito seja rejeitado, a própria negativa proporcionará mais luzes do que uma consideração vaga e verbal sobre o negócio, assim como as cinzas são mais fertilizantes do que a poeira.

XXVI – Da Afetação de Sabedoria e Dos Formalismos

Diz-se que os franceses são mais sábios do que parecem ser e que os espanhóis parecem mais sábios do que realmente são. Entretanto, seja o que for que se diga no que respeita às nações, é, com efeito, isso que acontece no que tange aos indivíduos. O *Apóstolo*[73] disse acerca dos falsos devotos *que têm todas as aparências da piedade, mas são incapazes de produzir quaisquer efeitos dessa virtude.* Assim são também os homens de que tratamos neste ensaio, homens que se limitam a realizar ninharias, embora o façam sempre com grande ar de solenidade: *magno conatu nugas.*

Constitui um espetáculo decididamente risível o que apresentam perante um homem de juízo, assistir com que habilidade e artifício se põem a apresentar como corpo sólido e íntegro uma simples superfície. Alguns são tão cautelosos e reservados que jamais expõem claramente qualquer negócio, dando a impressão de estar reservando algo, e quando não lhes é mais possível ocultar de modo diverso sua ignorância, simulam não considerar o assunto tecendo muitos comentários porque a sabedoria os obsta fazê-lo. Outros se exprimem somente mediante gestos e trejeitos, como se fossem *sábios da pantomima*; destes disse Cícero dirigindo-se a Pisão: *Respondes altero ad frontem sublato, altero ad mentum depresso supercilio, crudelitatem tibi non placere.*[74]

Há outros que crendo se imporem por meio de uma palavra dita sentenciosamente, nela se fundam dando por demonstrado o que são incapazes de provar. Outros aparentam desprezo por tudo que se coloca acima de sua capacidade e lidando com assuntos desse jaez exibindo uma certa indiferença mesclada ao desdém, se esforçam no sentido de fazer sua ignorância parecer sabedoria. Há, ainda, os que sempre têm à mão uma exceção ou sutileza úteis para suspender ou burlar o assunto, esquivando-se assim ao ponto essencial da matéria. Aulo Gélio os retrata com perfeição ao afirmar que são *Hominem delirum, qui verborum minutiis rerum frangit pondera.*[75] Platão nos apresenta também um espécime desses homens em seu *Protágoras*, atribuindo a Pródico um discurso totalmente composto de exceções e sutilezas do começo ao fim. Em toda deliberação os homens desse tipo fazem uso da negativa e simulam que creem a fim de apresentar novas objeções e dificuldades porque uma vez negada a proposição em pauta, nada resta a fazer, ao passo que se se admite que seja discutida, se terá uma nova obra a ser construída, e assim prosseguem até pulverizarem o assunto.

---

73. Isto é, São Paulo.

74. "A nós respondes que a ti não agrada a crueldade alçando uma sobrancelha até o alto da fronte e baixando a outra ao nível do queixo."

75. "Farsantes que usando capciosos jogos de palavras fragilizam o assunto de que se está tratando."

Para encerrar este ensaio diremos que não há comerciante tão próximo da falência, nem pobre tão desavergonhado que empregue tanto artifício para ocultar sua miséria e conservar seu crédito do que um homem dessa natureza a que nos referimos visando a preservar sua reputação de prudente e sábio. Algumas vezes acertam fortuitamente e costumam desempenhar um certo papel; entretanto, devemos nos guardar de encarregá-los de negócios importantes, pois é mais fácil tirar partido de outros homens menos discretos, porém mais francos, do que desses que são tão aficionados aos formalismos.

XXVII – Da Amizade

Aquele que busca a solidão é um animal selvagem ou um deus. Não foi fácil para quem pronunciou essas palavras[76] reunir tanta verdade e falsidade em tão poucas palavras porque se não se duvida que o indivíduo humano que foge do relacionamento dos outros seres racionais e que nutre uma aversão natural e profunda pela sociedade dos outros homens compartilha em algo da natureza da besta selvagem, é absolutamente falso que tenha algo de divino, a menos que esse recolhimento colime desfrutar de maior tranquilidade para entregar-se às meditações das coisas reveladas, das quais alguns pagãos creram equivocadamente fruir, tais como Epimênides de Creta, Empédocles da Sicília, Numa de Roma e Apolônio de Tiana, sendo certo que tal fruição foi experimentada por muitos dos antigos eremitas e santos padres da Igreja.

Todavia, há poucos homens que compreendem perfeitamente em que consiste a verdadeira solidão e a sua extensão, pois uma multidão, por maior que seja, não constitui uma sociedade, uma multidão de rostos não passando de uma galeria de retratos e igualmente um diálogo entre pessoas que não se estimam sendo pouco mais interessante do que o som de um címbalo.[77] O adágio latino *Magna civitas, magna solitudo*[78] atesta o que dissemos.

Numa grande cidade os amigos se encontram dispersos, não podendo se reunir com frequência por não se acharem próximos entre si. A mais horrível das solidões, contudo, é aquela sofrida por um homem que não tem amigos, ao que poderíamos acrescentar que o mundo sem a amizade é o maior dos desertos. Sob esse prisma, o indivíduo humano incapaz de ter amigos tem mais de animal selvagem do que de humano.

O mais importante fruto que se colhe da amizade é o alívio que nos proporciona frente às angústias do coração causadas pelas paixões.

---

76. Aristóteles de Estagira na *Política*.

77. Tácita alusão à *prece de caritas* da Epístola de São Paulo aos Coríntios.

78. "Grande cidade, grande solidão."

Sabemos que as angústias e sufocamentos são perigosíssimos para o corpo e a mente. Pode-se tomar salsaparrilha para os males do fígado, flor de enxofre para as inflamações pulmonares, tintura de aço para as opilações do baço e castóreo para fortalecer o cérebro; não há, contudo, medicina tão eficaz para livrar nosso coração da opressão nele produzida por nossas penas quanto um amigo ao qual transmitimos em uma espécie de confissão laica nossas alegrias, desgostos, temores, esperanças, suspeitas e assim por diante.

É surpreendente ver como os príncipes dão tanto valor a esse tipo de amizade a que nos referimos e que às vezes por causa dela põem em risco sua própria segurança e grandeza. Isso ocorre, entretanto, porque um monarca somente pode colher os doces frutos dessa preciosa amizade guindando a si um de seus súditos e fazendo dele, de uma certa maneira, o seu companheiro e igual, o que também tem os seus inconvenientes. As línguas modernas dão a essa espécie de amigos dos reis o nome de *privados* ou *favoritos*, como se o fosse por sua graça ou conversação; em latim, contudo, eram designados mais apropriadamente como *participes curarum*, que significa partícipe dos cuidados ou inquietações. O que prova que tal denominação é realmente adequada é que nada estreita e fortalece tanto os laços de amizade entre o príncipe e essa classe de amigos quanto a participação que lhe é concedida nos negócios, o que é observável não apenas nos reis fracos e escravos de suas paixões como também naqueles de vontade mais firme e que possuem qualidades mais recomendáveis, sejam políticas ou morais. Alguns favoreceram a esses súditos que eram objeto de sua preferência ao ponto de lhes conferir e deles receber o título de amigos e fazer que os outros os designassem também com essa palavra, a qual é, de ordinário, empregada de particular para particular.

Quando Sila alçou ao poder supremo, beneficiou extraordinariamente a Pompeu (que posteriormente foi cognominado o Grande), a ponto de este último se gabar de deter mais poder do que seu protetor, pois houve uma ocasião na qual Pompeu obteve o consulado para um de seus amigos contra a vontade de Sila. Diante do descontentamento por essa atitude de seu protegido, expresso por Sila com certa altivez, Pompeu o fez calar dizendo: *O sol nascente tem mais adoradores do que o sol poente.*

Júlio César tinha uma amizade tão estreita com Décimo Bruto que o instituíra herdeiro depois de seu sobrinho Otávio; esse pretenso amigo deteve bastante poder sobre César a ponto de atraí-lo ao Senado, onde este último foi morto. Intimidado por alguns maus presságios e por um sonho de sua mulher Calpúrnia, César se decidira a não comparecer ao Senado; Bruto, colhendo-o pelo braço, lhe disse: *Espero que para compareceres ao Senado não tenhas de aguardar que tua mulher tenha melhores sonhos.*

Contava Bruto com um grau tão elevado de favorecimento e confiança por parte de César que Antonio, em uma epístola que Cícero recitou palavra por palavra em uma de suas *Filípicas*, o qualificava de feiticeiro (*venefica*), como se houvesse enfeitiçado César. Augusto,[79] por sua vez, honrara e distinguira mediante uma amizade tão estreita Agripa (embora este fosse de humilde estirpe) que, tendo um dia perguntado a Mecenas com quem casaria sua filha Júlia, Mecenas tomou a liberdade de responder-lhe: *É necessário casá-la com Agripa ou então executá-la, pois o elevaste tão alto que entre esses dois extremos não há mediania possível.* A amizade de Tibério por Sejano tinha tal grau de estreiteza e o primeiro aproximara de tal forma o segundo de si, que ambos eram considerados como amigos de igual para igual, tendo Tibério chegado a escrever-lhe que *haec pro amicitia nostra non occultavi.*[80] E foi por isso que o Senado, desejando honrar esse amizade que unia ambos, fez erigir um altar à *amizade*, na qualidade de uma deusa.

Entre Septímio Severo e Plautiano houve uma amizade tão estreita quanto essa, ou mesmo mais intensa, pela qual Septímio Severo se acreditou autorizado a obrigar seu primogênito a casar-se com a filha de Plautiano, tomando o partido deste mesmo insultando seu filho; não hesitou, inclusive, em dirigir uma carta ao Senado, de cujo teor ressaltava a seguinte frase: *É tal o meu afeto por esta pessoa que desejo que sobreviva a mim.*

Se esses príncipes tivessem uma índole semelhante a de Trajano ou de Marco Aurélio, poder-se-ia atribuir uma afeição tão extremada à bondade natural desses dois imperadores,[81] mas considerando que esses imperadores de que tratamos eram caracterizados por uma prudência isenta de sentimentalismos, bastante severidade e egoísmo (ao qual eram movidos pelo apego aos seus próprios interesses), nos veremos forçados a concluir que, ainda que detentores do maior poder ao qual um mortal podia aspirar, acreditaram que sua felicidade seria parcial se não tivessem amigos que a tornassem completa.

Entretanto, o que deve mais chamar a nossa atenção é o fato de esses príncipes terem esposa, filhos, sobrinhos etc., sem que nenhum destes fosse capaz de proporcionar o apoio que a boa amizade é capaz de proporcionar.

Que não se esqueça de que Felipe de Comines disse referindo-se a Carlos, o Temerário, que a ninguém exceto Carlos consultava a respeito de seus negócios e que a ninguém salvo Carlos confessava suas inquietudes e seus sofrimen-

79. Ou seja, Otávio, o sobrinho de César, que adotou o nome *Augustus* quando se tornou o primeiro imperador de Roma.

80. "Por causa de nossa amizade não ocultei estas coisas de ti."

81. Trajano e Marco Aurélio Antonino (o filósofo estoico) destacam-se na história do Império Romano como homens que encararam a administração do Império como uma missão a ser realizada com denodo e mesmo renúncia e sacrifício pessoais.

tos mais angustiosos e agudos. Pelo fim de sua vida, essa reserva dedicada a uma amizade tão profundamente estreita chegou a afetar seu senso. O mesmo Comines poderia ter dito o mesmo, se quisesse fazê-lo, de Luís XI, que foi seu segundo senhor, cuja estreita amizade o levou a se tornar seu verdugo. A metáfora de Pitágoras *Cor ne edito* (não devores o coração), embora um tanto obscura, não deixa de ser plena de significação; e se não temesse empregar uma expressão demasiado dura, diria que os homens que não têm amigos verdadeiros, aos quais podem transmitir o que seus corações ocultam, são uma espécie de canibais que devoram seus próprios corações.

Com respeito a esse primeiro fruto da amizade deve-se também observar que o desabafo de um homem com seu amigo produz dois efeitos igualmente saudáveis ainda que opostos, ou seja, se por um lado duplica as satisfações, por outro divide os pesares, pois não há pessoa alguma que não experimente prazer comunicando suas alegrias a um amigo e que deixe de aliviar a própria alma das penas que a martirizam e afligem descarregando-a, por assim dizer, no peito de um amigo verdadeiro. Deste modo, pode-se dizer com razão que a amizade produz na alma os diferentes efeitos que a pedra filosofal produz no corpo humano, pois se tivermos de crer nos alquimistas, estes lhe atribuem resultados opostos, mas igualmente vantajosos. Mas dispensa-se o recurso às operações misteriosas da alquimia na busca de imagens sensíveis que se nos apresentam melhor no curso ordinário da natureza, para demonstrar as vantagens da amizade. Vemos nos corpos que a união facilita e fortalece as ações naturais, ao passo que debilita e amortece toda impressão violenta: a união das almas produz também nelas esse duplo efeito.

O segundo fruto da amizade não é de menos valia para o esclarecimento do espírito do que o primeiro para aumentar os prazeres e reduzir as dores do coração porque se essas livres e afetuosas comunicações trazem serenidade às tempestades e borrascas de nossas paixões, instaurando o sossego e a tranquilidade na alma humana, também dissipam o obscurecimento e a confusão do entendimento, neste vertendo uma luz viva, suave e agradável. E que não se creia que isso depende apenas dos conselhos amigáveis que podem ser recebidos de um amigo: esses conselhos constituem um outro proveito de que trataremos posteriormente, um tanto distinto daquele de que nos ocupamos agora. Todo indivíduo humano que tenha o espírito agitado por uma multidão de pensamentos de difícil desenredamento perceberá que suas ideias se aclaram e sua razão se afirma pela mera comunicação delas a um amigo e a discussão das mesmas com este. Isto porque então discute suas opiniões com maior fluência, dispõe suas ideias mais ordenadamente e aquilata melhor o que há de verdadeiro e proveitoso nos seus pensamentos tão logo os tenha expresso mediante palavras. Por esse meio torna-se mais prudente do que se estivesse voltado a si mesmo, não se duvidando de que esse efeito é obtido de melhor maneira em uma conversação de uma hora do que em uma reflexão de um dia inteiro.

Temístocles empregava uma analogia de grande exatidão ao dizer ao rei da Pérsia *que os discursos dos homens são como os tapetes que depois de estendidos exibem claramente à vista os objetos representados pelo desenho; e que os pensamentos, antes de serem comunicados, são como esses tapetes enquanto enrolados.*

Esse segundo fruto da amizade consistente em desanuviar o espírito e esclarecer as ideias não é apenas obtenível, que se o acredite, de amigos detentores de talento superior e capazes de dar um conselho acertado. Está claro que esses valeriam mais, porém alguém se instrui transmitindo os seus pensamentos ainda que seja a um amigo que em nada vá nos facilitar a tarefa e afiando, por assim dizer, uma ferramenta em uma pedra que, se por si mesma não corta, faz cortar. Em síntese, seria melhor nos manifestarmos diante de uma estátua ou diante de uma pintura do que permanecermos silentes e em reflexão contínua padecendo a angústia dos melhores pensamentos.

Para tornar mais completo esse segundo fruto da amizade, é possível acrescer-lhe outra vantagem que é mais sensível e mais geralmente conhecida. Refiro-me aos conselhos salutares e desinteressados que podemos receber de um amigo. Heráclito disse com razão em um de seus enigmas que *a luz refletida é sempre a melhor*; e está fora de dúvida que aquela que se recebe através do conselho de um amigo é mais pura do que a que alguém pode extrair de seu próprio entendimento, a qual está sempre, de certo modo, decomposta e alterada por muitas paixões e gostos habituais, de sorte que entre o conselho de um amigo e o nosso próprio há a mesma diferença que entre aquele de um amigo leal e aquele de um bajulador, pois o maior dos bajuladores é nosso amor próprio e o mais seguro remédio contra suas lisonjas é a franqueza e a liberdade de uma pessoa sincera.

Há duas classes de conselhos, entre os quais uns concernem aos costumes e outros aos negócios. Quanto aos da primeira espécie, as advertências leais de um amigo constituem as garantias mais suaves e seguras para nos preservarmos puros. Solicitar a si mesmo uma conta exata e rigorosa é um remédio demasiado contundente e corrosivo. A mera leitura dos livros de moral constitui um remédio sumamente fraco. Observar cada uma das próprias faltas e considerá-las em um outro indivíduo como em um espelho é um expediente ou remédio inadequado porque raramente somos neutros. Assim, o mais suave e eficaz dos remédios é, incontestavelmente, o conselho de um amigo franco e leal. As pessoas que não têm a sua disposição um amigo que possa lhes falar livremente sobre elas mesmas e dar-lhe uma advertência oportuna incorrem em uma infinidade de faltas e contradições ou inconsequências grosseiras, que acabam por arruinar sua reputação e sua fortuna. A elas são aplicáveis estas palavras de São Jaime: *Aquele que se observa em um espelho esquece sua fisionomia com muita rapidez.*

No que se refere aos negócios, um antigo brocardo diz que dois olhos veem mais do que um, sendo igualmente verdadeiro que aquele que observa o jogo vê melhor as faltas que aquele que está jogando. Um indivíduo irritado é mais imprudente do que aquele que após um primeiro impulso de cólera conseguiu pronunciar todas as letras do alfabeto e, enfim, faz melhor pontaria firmando o fuzil em um apoio do que o firmando apenas no próprio braço. Do mesmo modo, um amigo sincero e leal constitui um apoio contínuo ao indivíduo que não tem a presunção de crer-se detentor de todo o saber, pois o bom conselho é o que dirige todos os assuntos impulsionando-os até o seu fim.

Aquele que, em lugar de consultar sempre a uma mesma pessoa leal, consulta distintas pessoas sobre as matérias diversas em sua vida surgidas, faz certamente melhor do que não consultar a outrem, mas se expõe a dois grandes inconvenientes: um deles é limitar-se a receber conselhos egoístas porque as pessoas sinceras e desinteressadas são extremamente raras, o conselho sendo quase sempre dirigido ao interesse de quem o dá; o outro é receber amiúde conselhos muito prejudiciais ou, ao menos, mesclados de vantagens e inconvenientes, ainda que dados com a melhor boa-fé. Se chamardes a um médico especialista na enfermidade de que padeceis, mas desconhecedor de vosso temperamento, vos estareis se expondo a que ele vos cure de uma coisa e vos torne enfermo de outra e que só dê fim à doença matando o doente. Porém, não correreis esse risco diante de um verdadeiro amigo que conheça vossa situação a fundo, porque ele só ministrará remédios convenientes ao estado atual de vossos negócios, sem criar inconvenientes ulteriores. Não deis, portanto, muito crédito aos conselhos concedidos por tantas pessoas diferentes, pois servirão mais para vos mergulhar em incerteza do que vos franquear o caminho e vos dirigir retamente.

A esses dois frutos da amizade, que consistem em tranquilizar as paixões da alma e em dirigir as operações do entendimento, junta-se o terceiro e último, que compararei a uma romã repleta de grânulos, fundando-me em que a amizade proporciona uma miríade de recursos e consolos nas diversas situações da vida.

Para bem compreender as diferentes vantagens da amizade, basta conhecer a infinidade de coisa que ela, exclusivamente, pode conceder, e então perceberemos que os antigos não disseram o bastante quando asseguraram *que um amigo é como outro eu* pois, muitas vezes, ele é para nós muito mais do que um outro eu.

Todos os homens são mortais e frequentemente a existência não dura o necessário para se desfrutar o completo prazer de ver consumados certos propósitos tão caros aos nossos corações, tais como proporcionar segurança aos filhos, concluir uma obra etc. Aquele que possui um verdadeiro amigo, entretanto, pode estar seguro de que seus desejos estarão realizados ainda que ele falte, e graças a esse recurso disporá, por assim dizer, de duas vidas.

Cada indivíduo tem um único corpo que se acha circunscrito ao sítio que ocupa, sem poder situar-se em dois locais ao mesmo tempo. Dois amigos parece que se duplicam mutuamente, pois o que um deles não pode realizar, o realiza por meio do outro. Ademais, quantas coisas há que um homem não pode dizer ou fazer ele mesmo por conta das conveniências sociais? Não se pode, por exemplo, sem falta à modéstia, discorrer sobre os serviços que se prestou e muito menos exagerá-los; alguém não saberia nem poderia muitas vezes curvar-se pedindo ele próprio uma graça, fazer uma súplica e assim por diante. Porém, todas essas coisas que pareceriam pouco decentes na boca daquele que tem interesse pessoal nelas cabem bem na boca de um amigo. Acresça-se que não há pessoa alguma que não entretenha relações que não devem ser ignoradas e que, geralmente, incomodam ou oneram, digamos, por exemplo, quando alguém se vê obrigado a assumir o tom de pai para tratar com os filhos, o de esposo para tratar com a esposa e com seus próprios inimigos é forçado a fazer uso de um tom contido, e assim por diante; ao passo que um amigo pode assumir o tom e estilo exigidos pelas circunstâncias, sem estar preso a qualquer espécie de convenção. Se eu quisesse executar uma exaustiva enumeração de todas as vantagens da amizade, este ensaio seria imenso. Tudo está encerrado nesta regra: quando um homem não pode por si só desempenhar totalmente o seu papel e não dispõe de amigos que o auxiliem, é indispensável que deixe o palco.

XXVIII – Das Despesas

As riquezas existem para ser gastas e gastas com fins honrados e benéficos. Contudo, há despesas extraordinárias que devem guardar proporção com as circunstâncias e ocasiões que as exigem, pois surgem casos nos quais é mister despojar-se dos bens *para o proveito da pátria e cumprir com a piedade*.[82]

Quanto às despesas ordinárias e cotidianas, cada um deve controlá-las em função de sua fortuna e os recursos com os quais possa contar, distribuindo-as de maneira a não haver esbanjamento devido a descuidos ou devido à pouca fidelidade dos serviçais, e cuidando para que as dívidas não afetem a estima em que os tem. Todo homem que não deseja a redução de seus bens deve impor-se como norma estrita que os seus gastos não excedam a metade de sua receita;

82. No original: *for a man's country, as for the kingdom of heaven.*

quanto àquele que deseja aumentar seus bens, não deverá despender nada mais do que a terceira parte do produto de seus rendimentos.

Os grandes senhores costumam ver como uma vileza o descer às minúcias da condição de seus bens e isso é muito menos por natural negligência do que por temor de se saberem arruinados. Esquecem que para fazer sarar as feridas é mister começar por examiná-las. Aos que não querem se dar o trabalho de sondar a situação de seus bens e administrá-los só resta o recurso de escolher com sumo discernimento e cuidado as pessoas às quais possam confiar os seus negócios, com a precaução de mudá-las intermitentemente visando a tirar proveito da timidez e falta de astúcia que os novos empregados apresentarão.[83]

Aquele que não pode dedicar um certo tempo aos seus negócios deve dar segurança aos seus bens e destinar às suas despesas um valor em dinheiro determinado e invariável. O que gasta muito em um item deve ser econômico em outro; se, por exemplo, aprecia muito ter uma mesa farta e repleta de pratos e bebidas requintadas, deverá economizar no seu vestuário; se tem particular apreço pelo mobiliário luxuoso, terá de economizar com seus cavalos e assim em tudo o mais, porque se desejar gastar em todos os setores sem controle e parcimônia com certeza acabará arruinado.

Quando se quer liquidar as dívidas, não se deverá fazê-lo nem de maneira súbita ou precipitada nem muito morosamente, pois não se perde menos apressando-se demais para vender do que tomando dinheiro emprestado a juros elevados. Sucede frequentemente que o homem de muitos gastos que de uma vez se decide a extinguir seus débitos acaba se atrasando de novo porque logo que se vê aliviado volta ao seu comportamento anterior, enquanto aquele que procura fazer a coisa paulatinamente adquire o hábito da parcimônia e executa uma reforma não só em seus bens e despesas como também em seus costumes. Quem deseja verazmente recolocar seus negócios em bom estado não deve descurar-se dos mais ínfimos itens, pois é menos vergonhoso privar-se de gastos irrisórios do que humilhar-se para obter ganhos consideráveis.

Com respeito às despesas cotidianas, diremos que é preciso controlá-las de maneira a se conservarem na mesma condição em que iniciaram, e que nas grandes ocasiões, bastante raras, será permissível um pouco mais de esplendor e fausto do que o ordinário.

XXIX – Da Verdadeira Grandeza das Nações

A fala de Temístocles, o ateniense, a despeito de sua presunção e arrogância em gabar-se tanto de si mesmo, teria demonstrado gravidade e sabedoria se

83. Ou seja, a tendência dos velhos tesoureiros "de confiança" que são mantidos por muito tempo é mais cedo ou mais tarde trair a confiança dos seus patrões e, movidos pela ousadia e a astúcia, roubá-los.

aplicada às outras pessoas em geral. Num banquete fora ele convidado a tocar um alaúde, ao que retrucou *que não aprendera a dedilhar aquele instrumento, mas que sabia converter uma aldeia em uma grande cidade.*

Essas palavras podem expressar metaforicamente duas habilidades bastante distintas naqueles que administram os negócios do Estado, pois se esquadrinharmos com atenção os conselheiros e os ministros dos reis, poderemos encontrar (embora raramente) alguns capazes de tornar grande um pequeno reino sem que saibam como tocar o alaúde; e, ao contrário, muitos que saibam e sejam capazes de tocar primorosamente o alaúde e outros instrumentos poderão ser encontrados, embora tão precariamente detentores da capacidade exigida para cuidar e fomentar os interesses de uma nação que pareceriam mais indicados, e muitíssimo, para arruinar e aniquilar os Estados mais florescentes.

É certo que essas artes vis através das quais os conselheiros e ministros ganham muitas vezes o favor do soberano e uma certa reputação em meio ao povo só lhes faz merecer o título de músicos e dançarinos pois tais habilidades servem exclusivamente para propiciar entretenimento e não passam de um adorno naquele que as detém e não um meio útil para engrandecer o Estado ao qual servem. É verdade, contudo, que em algumas oportunidades é possível encontrar ministros capazes de compreender os negócios públicos e conduzi-los acertadamente (*negotiis pares*) e evitar os perigos que assomam claros e visíveis, mas que se acham, apesar disso, muito longe de possuir as qualidades e disposições necessárias para efetivar o engrandecimento de um Estado. Entretanto, seja qual for a natureza dos artistas, consideremos a obra e vejamos qual é a autêntica grandeza de um reino e quais são os meios de torná-lo florescente, assunto que deve merecer dos príncipes uma incansável reflexão, para que não se comprometam com empresas vãs e temerárias, às quais podem ser levados por uma presunção excessiva de suas forças, e também para não dar ouvidos aos conselhos tíbios que podem ser oriundos de uma ideia que subestime o seu poder.

Tal coisa não pode ser medida pela extensão de um Estado: é certo que se avaliem suas contribuições e suas rendas, que se compute a população e que se observem os projetos de suas cidades, porém nada é mais difícil e sujeito ao erro que pretender julgar a partir desses dados a força genuína e o poder e valor intrínsecos das nações.

O reino do céu não foi comparado nem a uma noz nem a uma amêndoa, mas a um grão de mostarda, que é uma das menores sementes, embora tenha a propriedade do célere desenvolvimento. Analogamente, há Estados de considerável extensão e que, todavia, não se prestam à ampliação de seus limites ou a ser hegemônicos, e outros que, ainda que de pouca extensão, podem constituir o fundamento dos maiores impérios. As fortalezas, os arsenais bem abastecidos, as boas reservas de cavalos, de carros, de elefantes, de canhões e outras máquinas de guerra não passam de cordeiros cobertos com pele de leões quando o povo não é naturalmente valoroso e guerreiro; mesmo o número nada significa quando os soldados carecem de valor porque, como disse Virgílio, *Lupus numerum pecorum non curat.*[84]

Quando o exército persa se apresentou ante os macedônios nas planícies de Arbeles, tal como um oceano de guerreiros, os comandantes, embora determinados, sentiram medo em seus corações e notificaram Alexandre do perigo que corriam suas legiões, aconselhando-o a atacar os persas durante a noite. Alexandre, entretanto, respondeu *que não queria conquistar a vitória a um preço tão baixo e que derrotá-los era mais fácil do que pensavam.* Tigranes, o Armênio, acampado em uma colina no comando de 400 mil soldados, ao descobrir que os romanos avançavam na direção deles com um número que não ultrapassava 14 mil combatentes, exclamou, zombando de uma hoste tão modesta: *Se vêm para uma embaixada são muitos, mas se vêm com a disposição de combater, são demasiado poucos.* E, contudo, antes que caísse a noite, foi notificado que haviam sido suficientes para pôr seus homens em fuga e produzir uma grande carnificina entre suas tropas. Dispomos de uma enorme quantidade de exemplos que demonstram a superioridade que exerce o esforço sobre o número, nos obrigando a convir que a coragem de um povo é o ponto capital de sua grandeza. É comum dizer-se que o dinheiro é o sustentáculo da guerra, mas de que serve o dinheiro quando faltam braços e quando os povos são afeminados? Sólon respondeu muito oportunamente a Creso quando este lhe ostentava seu ouro: *Se aqui vier alguém com melhor aço, vos despojará de todo este ouro.* Assim, que um príncipe não julgue tão poderosas suas forças se seu exército não estiver composto de soldados inteligentes e corajosos; que esteja, pelo contrário, convencido de que seu poder será considerável se seu povo for guerreiro.

Com respeito aos exércitos mercenários, o recurso ordinário de toda nação que não é guerreira, uma multidão de exemplos demonstram que ao final essa medicina se torna uma doença incurável.

A bênção de Judá e a de Isaac jamais estarão juntas, isto é, *que um mesmo povo seja ao mesmo tempo o jovem leão e o asno carregado.* Um povo sobrecarregado pelo peso dos impostos não pode ser guerreiro, embora os tributos impostos segundo o consentimento do Estado abatem menos o valor de um homem que os tributos que nascem de um governo despótico, como se pode observar no que tange aos impostos dos Países Baixos e nos subsídios da Inglaterra. Refiro-me à coragem e não ao ouro porque não ignoro que tributos

84. "O lobo não se acovarda diante do grande número de ovelhas."

iguais, sejam exigidos por consentimento do Estado ou o sejam por um tirano, empobrecem o país da mesma forma, embora produzam um efeito sobre o espírito marcial dos indivíduos, podendo-se daqui inferir que *nenhum povo sobrecarregado de impostos está apto a efetuar guerras de conquista visando à formação de um império.*

As nações que aspiram ao engrandecimento devem cuidar para que a nobreza e o número dos fidalgos não se multipliquem demais a ponto de provocarem a escravização e o envilecimento do povo. Tal como um campo onde se deixa a vegetação muito espessa tomar conta se degenera em matagal, em um Estado onde haja excesso de nobres o povo se torna destituído de força e privado da coragem. De cem cabeças, só uma será capaz de sustentar um capacete e, adicionalmente, será mais difícil encontrar soldados para a infantaria, a qual constitui o principal elemento dos exércitos: haverá muita gente e pouco vigor. A comparação da Inglaterra com a França se presta a exibir a melhor prova do que digo, pois a primeira, embora contando com menos território e menor população, sempre preponderou porque a classe média inglesa produz bons soldados, o que não sucede com os camponeses franceses. Digna dos maiores louvores foi, nesse sentido, a sabedoria de Henrique VII, rei da Inglaterra, sobre quem discorri largamente na *História de sua vida*, ao estabelecer terras e casas de um valor fixo e moderado, cada uma das quais capaz de abrigar uma família com suficiente conforto e de um padrão acima das habitações de condição servil. Determinou também que o chefe de cada família fosse proprietário, ou ao menos, usufrutuário e não um colono que se limitasse a utilizar o arado. O resultado disso em uma nação é o que Virgílio diz da antiga Itália:

Terra potens armis atque ubera glebae.[85]

Há uma outra porção do povo que só existe, segundo creio, na Inglaterra e talvez na Polônia, que é também de utilidade marcial e que não deve ser negligenciada nem desatendida. Refiro-me a esse grande número de escudeiros que acompanham os nobres, e que chegam a ser tão importantes quanto a escolta do rei. É inconteste que a magnificência, o esplendor e um grande cortejo de serviçais muito contribuem para o poder militar, ao passo que, pelo contrário, um modo de vida obscuro e modesto reduz entre os nobres o esplendor militar.

Mister se faz cuidar para que o tronco da árvore da monarquia de Nabucodonosor seja bastante grande e robusto para sustentar galhos e ramos, ou seja, que os súditos da nação sejam em número suficiente proporcionalmente aos súditos estrangeiros. Por isso, os Estados que concedem sem dificuldade cartas de naturalização são os mais aptos a ampliar seu império, pois seria ridículo pensar que um punhado de homens, por mais notáveis que fossem

85. "Nação poderosa nas armas e de solo fértil."

sua capacidade e valor, pudessem ter sob seu domínio, e menos ainda por um longo tempo, uma vasta extensão de território.

Os espartanos concediam poucas cartas de nacionalização, o que fez que, enquanto os limites da Lacedemônia não se expandiram, seus negócios permaneceram em boa ordem; porém, tão logo principiaram a estender seus domínios, tornando-os excessivamente vastos proporcionalmente ao número de súditos naturais que representavam, caíram em declínio.

Jamais, em toda a história, um Estado naturalizou tão facilmente os estrangeiros quanto Roma e constata-se que sua fortuna correspondeu a essa prudente prática, já que seu Império chegou a ser o maior que o mundo conheceu. Não esqueciam o que se denomina *jus civitatis*[86] em sua mais lata significação, ou seja, não apenas *jus commercii, jus connubii, jus haereditatis*,[87] mas também *jus suffragii* e *jus petitionis sive honorum*.[88] E conferiam esses direitos não a algumas pessoas em particular, mas a famílias e cidades e, por vezes, a nações inteiras, acrescendo a isso o seu costume de fundar colônias entre os outros povos. Tendo-se isso em mente, não se poderá dizer que os romanos cobriram toda a Terra, mas que toda a Terra se cobriu de romanos, tendo sido este o melhor caminho para atingirem a grandeza que atingiram.

Causa assombro ver que a Espanha, com tão poucos súditos naturais, possa manter sob seu domínio tantos reinos e províncias. Entretanto, essa nação era, nos seus primórdios, muito maior que Esparta e Roma e embora os espanhóis esporadicamente concedam cartas de nacionalização, fazem o que mais se aproxima disso, que é admitir quase que indiscriminadamente soldados de todas as nações e mesmo servir-se, por vezes, de generais estrangeiros. A julgar pela pragmática sanção recentemente publicada parece que desejam ter mais habitantes.

É certo que as tarefas sedentárias, delicadas e caseiras, executadas mais com os dedos do que com os braços, são contrárias, por sua natureza, a todo espírito marcial. Os povos belicosos são um tanto ociosos e preferem o perigo ao labor. Não se deve reprimir esse pendor se o desejo é não atenuar a coragem. Constituía grande vantagem para os Estados de Esparta, Atenas e Roma a maior parte de seus trabalhadores ser escravos, o que o cristianismo inviabilizou quase que completamente ao abolir a escravatura. O que mais se aproxima disso é dispor de estrangeiros para certo tipo de ocupações, atraindo-os e lhes dando boa acolhida quando espontaneamente venham a nossos países. Os habitantes nativos devem se enquadrar em uma destas três atividades: lavrado-

86. "Direito de cidadania."

87. "Direito de comércio, direito de matrimônio, direito de herança."

88. "Direito de sufrágio ativo e passivo e direito de ocupar cargos públicos com suas consequentes honras."

res, serviçais ou artesãos, entendendo por estes últimos os que se valem de seus braços e suas forças para atuarem como ferreiros, pedreiros, carpinteiros etc., sem a inclusão de soldados professos.

O que mais contribui à grandeza de uma nação é o seu zelo e apego pelas armas, que as tenha como sua profissão mais honrosa e que delas faça sua principal ocupação e seu principal estudo, pois o que até aqui asseveramos ser tão só para colocar uma nação no estado de guerrear... mas de que valem a habilitação e o poder sem o desejo, a vontade e o ato? Rômulo, após sua morte (segundo relatam ou supõem os romanos), revelou um oráculo aos romanos que lhes comunicava que dessem prioridade às armas em relação a tudo o mais, se ambicionavam a conquista do mundo. Todo o teor da Constituição de Esparta tinha como objeto fazer de seus cidadãos guerreiros, ainda que a isto faltasse certa prudência.[89] Persas e macedônios por algum tempo perseguiram idêntico objetivo. Os gauleses, os povos germânicos, os godos, os saxões, os normandos e alguns outros em determinadas épocas tiveram o mesmo propósito. Os turcos revelam atualmente a mesma disposição, embora já mostrem grande decadência nesse sentido. Na Europa cristã, os espanhóis parecem ser os únicos, entretanto, que abrigam tais intenções.

É evidente que cada um obtém maior progresso naquilo a que se dedica com maior empenho, o que basta para fazer crer que toda nação que não é propensa às armas precise aguardar o surgimento espontâneo da grandeza, e que, pelo contrário, as nações que de maneira contínua dão prioridade às armas granjeiam progresssos consideráveis, como se pode constatar pelos romanos e turcos, que tendo se devotado à guerra apenas durante um século, atingiram uma grandeza que por muito tempo os sustentou após terem abandonado o exercício das armas.

Para seguir os preceitos anteriores, é necessário que um Estado tenha leis e costumes que lhe possam proporcionar justas oportunidades, ou ao menos pretextos plausíveis para desencadear hostilidades, pois os homens têm naturalmente certa veneração pela justiça e não empreendem voluntariamente a guerra, que costuma trazer consigo uma longa série de males, a não ser que tenha como fundamento um motivo real, ou pelo menos um pretexto, ainda que artificioso. Os turcos sempre encontram uma razão para iniciar suas guerras, a saber, a propagação de sua fé, e embora a república romana tenha conferido grandes honrarias aos generais que ampliavam o Império com suas vitórias, jamais – ao menos é o que parece – empreendeu uma guerra animada exclusivamente pelo propósito de ampliar os seus domínios territoriais. É,

89. Sobre a educação voltada fundamentalmente para o adestramento militar entre os espartanos ver *As Leis*, Platão, Livros I e II (Obra presente em *Clássicos Edipro*).

pois, necessário que uma nação desejosa de constituir um Império se mantenha bastante alerta a respeito das diferenças que nascerão em função de seus limites, de seu comércio ou da recepção que tenham os seus embaixadores, e que não contemporize quando provocada, além de se conservar pronta a enviar socorro aos seus aliados. Assim sempre se comportaram os romanos: se um dos povos amigos era atacado, mesmo que tivesse com outras nações uma aliança de cunho defensivo, eram os primeiros a remeter socorro tão logo este fosse solicitado, não permitindo nunca que tal honra de prestar benefício coubesse a outros.

Quanto às guerras travadas antigamente por certos povos que detinham a mesma forma de governo, não compreendo sobre que direito se baseavam. Dessa espécie eram as guerras encetadas pelos romanos pela liberdade da Grécia, e a que os lacedemônios e atenienses empreenderam quer para instaurar quer para destruir democracias e oligarquias; a essas se somam ainda aquelas que os príncipes ou as repúblicas sustentam a fim de livrar outros povos da tirania.

Que baste advertir, com relação a esse particular, que uma nação aspirará em vão a uma grandeza considerável se não aproveitar todas as oportunidades disponíveis de se armar.

Nenhum corpo, seja físico ou político, pode conservar sua saúde sem exercícios. Uma guerra justa e honrosa é para um Estado o exercício mais saudável. Uma guerra civil, contudo, é como o calor de uma febre; a guerra contra o estrangeiro pode, entretanto, ser comparada ao calor produzido pelo exercício, o qual preserva a saúde dos corpos. Uma paz prolongada mina a coragem e corrompe os costumes. É proveitoso do ponto de vista da grandeza de uma nação, embora não o seja para sua comodidade, que ela esteja quase sempre armada, e por mais dispendioso que seja manter um exército pronto, em pé de guerra, é isso que permite a um povo ser o árbitro de seus vizinhos ou, ao menos, gozar diante deles de uma grande reputação. A Espanha é um prova do que dizemos e se pode constatar que há 120 anos conserva sempre um exército a postos em uma região ou outra.

O Estado que logra o domínio dos mares trilha o caminho mais curto para obter o domínio do mundo. Referindo-se aos preparativos de Pompeu contra César, dizia Cícero a Ático: *Consilium Pompeii plane Themistocleum est; putat enim, qui mari potitur, eum rerum potiri.*[90] E, sem dúvida, Pompeu teria vencido César, se por uma vã autoconfiança não tivesse abandonado aquele caminho.

Podemos assistir aos grandes efeitos das batalhas navais. A batalha de Ácio decidiu o domínio do mundo. A batalha de Lepanto fez cessar os progressos

90. "Pompeu acata o conselho de Temístocles segundo o qual aquele que domina o mar domina tudo."

dos turcos. É frequente uma batalha naval determinar o fim de uma guerra, mas isso só ocorre quando as potências inimigas tudo arriscam em um só combate: é óbvio que aquele que se fez senhor dos mares goza de uma grande vantagem que lhe permite conduzir as hostilidades aonde queira, ao passo que por terra, aquele que conta com maior número de tropas enfrenta maiores obstáculos e embaraços, os quais o impedem de alcançar a situação de um combate decisivo. O poder naval da Grã-Bretanha tem suma importância atualmente para ela, não só porque a maior parte dos Estados europeus estão cercados por águas ou disponham de algum litoral, como também porque as riquezas de ambas as Índias estão destinadas à nação que adquirir o comando sobre os mares.

Parece que as guerras mais recentes são travadas na obscuridade, no confronto com aquela glória antiga e aquelas honrarias que significavam tanto esplendor para os militares. Não dispomos para fomentar o valor das tropas senão de algumas honras que, todavia, são igualmente dispensadas a soldados e não soldados, algumas distinções nas armas e alguns hospitais para os soldados, que em virtude de sua idade ou devido aos seus ferimentos não se acham mais em condição de servir, enquanto que antigamente os troféus erigidos em campos de batalha, as orações fúnebres proferidas em louvor dos mortos em batalha, os magníficos monumentos aos soldados, as coroas e guirlandas cívicas e murais, o nome de imperadores que os maiores monarcas receberam posteriormente, os triunfos dos generais vitoriosos e os grandes donativos feitos aos soldados antes de dissolver as tropas eram tão grandes e tão brilhantes que bastavam para infundir denodo e inflamar a todos os homens.

Convém, porém, observar, sobretudo, que o costume dos triunfos não constituía entre os romanos mera questão de pompas e festividades, mas sim uma nobre e prudente instituição que encerrava os seguintes três pontos importantes: a glória e a honra dos generais, o aumento do tesouro público e as gratificações aos soldados. Contudo, talvez a honra extraordinária do triunfo só convenha nas monarquias se restringir-se aos reis e seus filhos. Assim foi feito no tempo dos imperadores, que reservaram somente para si e para seus filhos a honra do triunfo ao retornar de guerras às quais eles próprios haviam dado termo, conferindo aos generais tão só insígnias e alguns outros sinais de honra sempre que eram estes os comandantes que haviam se sagrado vitoriosos nas batalhas que punham fim à guerra.

A título de conclusão deste ensaio acrescentaremos que ninguém, conforme o afirma a *Escritura*, pode acrescer um palmo à sua estatura, mas que no que tange à formação dos reinos, a expansão dos domínios está ao alcance do poder do príncipe e dos governantes, porque introduzindo prudentemente leis e costumes semelhantes ou ligeiramente semelhantes aos que aqui indicamos, seguramente terão plantado para o porvir uma semente de prosperidade. Entretanto, geralmente os príncipes não se ocupam dessas coisas, deixando-as ao sabor da sorte.

XXX – De como Conservar a Saúde

Há para cada indivíduo uma certa sabedoria que só se refere a ele e que é mais eficaz do que todas as regras gerais da medicina. Todo seu teor está encerrado neste conselho: que cada um observe meticulosamente o que é propício à sua saúde e o que lhe é prejudicial. Eis o melhor método de preservá-la e a melhor modalidade de medicina preventiva.

Todavia, o raciocínio expresso nas palavras: *Isto não combina com meu temperamento e assim não devo fazer uso disto,* tem melhor fundamento do que este: *Isto não me é prejudicial, de modo que posso continuar fazendo uso disto.* Que se considere que se o vigor da juventude suporta uma infinidade de excessos que nessa idade se mostram de pouca monta, por outro lado acarretam dívidas que deverão ser pagas somadas na idade avançada. Observai que à medida que os anos se acumulam, a redução de vossas forças requer judiciosas precauções e não vos permite fazer as mesmas coisas, e não esqueçais tampouco que a velhice não pode ser desafiada impunemente.

Não realizai mudança repentina alguma em vosso regime de vida e se a necessidade vos obrigar a fazê-lo, cuidai de adequar todo o restante que seja possível à vossa usual maneira de viver. É o que indica a seguinte máxima, cuja ligeira obscuridade não lhe tira o conteúdo de verdade: no corpo humano, tal como no corpo político, um grande número de mudanças levadas a efeito cada uma por sua vez são menos arriscadas do que uma única mudança radical. Consequentemente, examinai todos os ângulos de vosso regime de vida, tais como a alimentação, o sono, os exercícios, as roupas, a habitação etc., e se descobrirdes algo que cause dano, procurai eliminá-lo gradativamente; porém, se essa variação mostrar prejuízos, voltai aos vossos antigos hábitos, porque é bastante difícil distinguir com clareza entre o que é geralmente saudável e o que é particularmente bom e adequado ao vosso próprio corpo.

Ter o espírito sereno e o humor jovial durante as refeições e o repouso é um dos preceitos que se posto em prática contribui para o prolongamento da vida. Quanto às paixões e aos distúrbios que afetam nossa mente, deve-se prevenir cuidadosamente a inveja, os temores acompanhados de ansiedade, o rancor, as aflições intensas, as elocubrações ou indagações muito sutis, espinhosas ou excessivamente questionáveis, as alegrias e gozos imoderados, bem como as melancolias concentradas e sem desafogo ou desabafo. Convém alimentar a esperança e o bom humor mais do que prazeres excessivos; variar nos prazeres é preferível a levar alguns deles à saciedade; com frequência estimular em si mesmo o sentimento de admiração e assombro por meio das novidades e dar preferência, diante dos demais estudos, àqueles que fornecem à imaginação objetivos nobres, grandiosos e elevados, tais como os temas da história, da mitologia e o espetáculo da natureza.

Se enquanto gozais de plena saúde vos absterdes de toda espécie de medicamento, vosso corpo terá dificuldades em assimilá-los quando uma enfermidade ou indisposição vos obrigar a tomá-los. Se, pelo contrário, vos acostumai a tomá-los excessivamente quando desfrutais de saúde, quando uma doença os torne efetivamente necessários vosso corpo os assimilará com facilidade, mas não reagirá e não se produzirá o efeito que se deseja. A dieta alterada periodicamente em certas estações e por determinado tempo parece-me preferível ao uso frequente dos medicamentos. Embora as dietas produzam mais alterações, produzem, por outro lado, menos transtornos orgânicos e menos fadiga aos órgãos.

Quando o corpo experimenta algum desarranjo extraordinário, convém consultar um médico. Durante as doenças, ocupai-vos, sobretudo, de vossa saúde; contudo, quando estiverdes em condição saudável, vivei sem vos preocupar demasiado com vosso corpo, pois toda pessoa que tenha acostumado sua natureza a suportar variações frequentes poderá diante de enfermidades que não sejam agudas obter a cura mediante um regime mais suave do que o usual. Celso dá a esse respeito um conselho que não teria arriscado como médico se, ao mesmo tempo, não tivesse sido um homem de sabedoria consumada: segundo seu parecer o método que mais favorece a preservação da saúde e o prolongamento da vida consiste em variar o regime alimentar, os exercícios e as ocupações, combinando simultaneamente os mais contrários e se inclinando aos dois extremos alternativamente, e mais amiúde para o extremo mais benigno; se, por exemplo, faz-se necessário habituar-se às vigílias e ao descanso prolongado, se deverá dar precedência ao sono propiciador do descanso prolongado, como entre o jejum ou frugalidade e a alimentação abundante, a esta última, entre a vida sedentária e aquela mais ativa, preferir esta última. Tal é o meio de dar à natureza aquilo que pode satisfazê-la, conservando ao mesmo tempo vigor suficiente para superar as coisas mais difíceis e penosas.

Entre os médicos há os que são excessivamente indulgentes com o enfermo e que, dando ouvidos aos caprichos do enfermo além do que convém, se afastam com facilidade e frequência das regras de um tratamento regular e metódico, esquecendo que, ao transigir com o paciente, também transigem com a doença; outros, ao contrário, atuam com exagerado rigor e escravos das regras da ciência e jamais se afastando destas, são tão inflexíveis a ponto de não levar em conta o temperamento individual e as circunstâncias particulares do enfermo. Buscai um médico cuja atitude profissional seja um termo médio entre esses dois extremos. Se não for possível encontrar um tal médico, juntai dois tomando um de cada tipo, mas ao consultar um ou outro não depositai menos confiança ao que conhece melhor vosso temperamento do que àquele que goza de maior reputação.

XXXI – Da Suspeita

As suspeitas entre os pensamentos são como morcegos entre as aves, que só voam à noite. Por certo devem ser reprimidas ou, ao menos, bem vigiadas, pois embotam o espírito, afastam os amigos e fazem que se caminhe com menos desembaraço e perseverança para a meta que cada um se propõe. As suspeitas predispõem os monarcas à tirania, os esposos ao ciúme e os homens mais sábios à irresolução e à melancolia.

A suspeita provém mais da mente do que do coração e se vê constantemente que nem as almas mais nobres e valorosas estão isentas de experimentá-la. Henrique VII, rei da Inglaterra, constitui um notável exemplo dessa verdade: poucos príncipes terão sido a um só tempo tão valentes e dados à suspeita quanto ele. Entretanto, a suspeita revela-se menos perigosa em um espírito elevado, que só lhe dará crédito após haver sondado cuidadosamente o grau de probabilidade que a acompanha, do que nos caráteres débeis e tíbios, que a acolhem prontamente, permitindo que ganhe terreno rapidamente.

A suspeita é filha da ignorância e, por conseguinte, o remédio eficaz para ela consiste em instruir-se e cientificar-se das coisas, em lugar de alimentar a suspeita com o silêncio.

O que podem ter diante de si os indivíduos humanos? Será que pensam que aqueles com os quais lidam e se relacionam são santos? Será que não pensam que caminham para seus próprios fins, como os que deles desconfiam caminham para os seus? Será que deverão exigir que seus interesses sejam encarados pelos outros indivíduos humanos com maior atenção do que os interesses que concernem a esses mesmos indivíduos? O melhor meio para atenuar as suspeitas é tomar precauções como se fossem fundadas e dissimulá-las como se fossem falsas, porque assim nos conduziremos de tal forma que, mesmo na hipótese de as suspeitas procederem, isto é, serem verdadeiras, não teremos nada que temer.

As suspeitas que, sem motivo algum, nascem em nosso próprio espírito são como zumbidos impertinentes, vãos e ridículos; porém, as que são inspiradas e fomentadas pelos artifícios e murmúrios dos tratantes e charlatões possuem um aguilhão que as torna muito penetrantes. O melhor remédio para escapar dessa floresta labiríntica das suspeitas é comunicá-las francamente às pessoas das quais são o objeto. Desse modo provavelmente entreveremos algumas luzes em torno do indivíduo que nos inspirou desconfiança e teremos condições de fornecer-lhe subsídios para tornar-se mais circunspecto e cauteloso em relação a si mesmo, de modo a não suscitar mais tais suspeitas. Entretanto, evitai fazer tais confissões a uma alma vil e pérfida, porque quando um ser humano desse caráter fica ciente de que suscita desconfiança, será impossível contar com sua fidelidade depois disso. É como indica o provérbio italiano: *sospetto licenzia fede*,[91] como se a suspeita devesse excluir e afugentar a boa-fé, devendo, ao contrário, estimulá-la a manifestar-se.

XXXII – Da Conversação

Quando se trata da prática da conversação, há quem a ela se dedica mais para fazer alarde de seu próprio engenho e talento e mostrar que é capaz de sustentar todo tipo de pareceres e de discursar interminável e incansavelmente sobre toda espécie de assuntos, do que dar provas de um discernimento suficientemente são, que distinga prontamente a verdade do erro; comporta-se como se o verdadeiro talento consistisse mais em saber tudo o que é possível dizer do que tudo que se deve pensar.

Há outros que dispõem de um certo número de lugares-comuns dos quais fazem uso contínua e infindavelmente, sendo que fora da esfera deles se veem obrigados a votar-se ao silêncio. Esse gênero de esterilidade os faz parecer tediosos, enfadonhos e mesmo grotescos. O papel mais digno que se pode desempenhar na conversação é o de alimentá-la de modo a impedir que permaneça muito tempo em torno do mesmo detalhe e procurar com destreza passar de um assunto a outro, atuando, por assim dizer, como aquele que dirige as figuras e movimentos de um baile.

Convém alterar o tom da conversação, misturando a ela discursos sobre temas atuais e oportunos, como também sobre eventos pretéritos e prospectivos; mesclar as narrativas com as reflexões, as interrogações com as afirmativas e, enfim, o burlesco com o sério. A conversação se torna densa e cansativa quando se concentra muito em um mesmo tópico. Quanto aos gracejos, há coisas que jamais devem servir-lhes de objeto, as quais nesse sentido devem ser poupadas, a saber, a religião, os assuntos do Estado, os grandes homens, os assuntos de gravidade das pessoas presentes e também todo infortúnio capaz de inspirar compaixão. Há indivíduos que pensam estar seus talentos prostrados se de vez em quando não proferiram algo picante e satírico. Trata-se de uma postura detestável da qual devemos nos despojar, se estivermos incluídos nesse rol: *Parce, puer, stimulis, et fortius utere loris.*[92]

91. "O suspeito pede licença à fé."

92. "Rapaz, não usa a espora, mas mantém as rédeas firmes." Ovídio, *Metamorfoses*, II, 127.

Dista muito o gracejo delicado da sátira amarga e é preciso não confundir uma observação brilhante com uma observação sarcástica porque se, por um lado, o homem satírico infunde temor aos demais pela sua perspicácia, por outro deve, por sua vez, temer a sua própria memória. Aquele que levanta questões amiúde muito aprende e geralmente agrada, sobretudo se souber adequá-las ao tipo de inteligência das pessoas às quais as propõe; ao proporcionar-lhes a oportunidade de discursar sobre o que melhor sabem, faz que fiquem satisfeitas consigo mesmas e com quem lhes propiciou a chance de fazê-lo, além de ilustrar com novos conhecimentos que pouco lhe custam. Todavia, é necessário evitar questões demasiadas, a ponto de submeter os interlocutores a uma espécie de sabatina.

Deixai que cada um fale por sua vez e se houver alguém que, assumindo a palavra frequentemente, a mantém por longo tempo, monopolizando a conversação, fazei propositalmente com que perca o rumo de modo a suspender o discurso, para que outros tenham a chance de também discursar, como os músicos costumam fazer com aqueles que dançam canções longas. Se tiverdes em algum ensejo destreza suficiente para simular ignorância daquilo que mais e melhor sabeis, parecerá frequentemente que sabeis mesmo aquilo que ignorais.

Convém falar pouco de nós mesmos e esse pouco com muito tato e cuidado. Uma pessoa de meu conhecimento referia-se em tom irônico à outra que padecia dessa fraqueza: *Forçoso é que esse homem deva ser um sábio, já que fala tanto de si!* Há uma única maneira de louvar-se oportunamente, a saber, louvar em alguém uma virtude ou um talento dos quais somos detentores. Evitai, sobremaneira, a liberdade frequente de fazer alusões picantes que possam referir-se a pessoas presentes. A conversação deve ser como uma caminhada sem destino preestabelecido por um campo aberto e não como uma caminhada rumo à casa de alguém.

Conheci dois nobres do oeste da Inglaterra. Um deles destacava-se pela maneira ímpar de atuar como anfitrião e pela fartura e fausto de sua mesa; era, contudo, grande amante das sátiras e dos gracejos, pelo que sua magnificência lhe era demasiadamente dispendiosa. Perguntando um certo dia o outro senhor a um de seus amigos, que comera na casa do primeiro, se enquanto estavam à mesa não houvera assestado algum golpe contra algum dos convivas, respondeu que de fato tomara essa liberdade, ao que o convidado obtemperara: *Já suspeitava eu que desse modo teria posto a perder um bom jantar.*

A discrição nos discursos vale mais do que a eloquência e o adequar bem o que se diz ao caráter e tipo de inteligência do auditório é mais importante do que o estilo metódico e elegante. Falar continuamente sem dar chance à interlocução denota inabilidade e pesadume mentais. Saber dar chance à interlocução e não saber articular um discurso contínuo indicam a esterilidade de um entendimento superficial. Estamos cientes de que os animais mais velozes não são os mais hábeis para efetuar escapadas, diferença que se observa entre o galgo e a lebre. Circunstanciar minuciosamente tudo o que se diz e deter-se em um longo preâmbulo antes de ir aos fatos tornam as conversações fastidiosas; por outro lado, furtar-se a detalhar as circunstâncias, torna o discurso áspero, seco e sem conteúdo.

XXXIII – Das Colônias ou Fundações

De todos os empreendimentos realizados nos tempos primordiais e antigos, os mais heroicos foram os estabelecimentos de colônias e fundações de sociedades. Quando o mundo era jovem, ele gerava mais filhos do que agora, que, velho, gera menos, posto que as colônias podem ser encaradas como a genuína progênie das nações mais antigas, as quais por sua vez se originaram de outras comunidades anteriores. A fundação de uma comunidade humana deve ser feita em um solo virgem e desabitado, ou seja, em um sítio que não requeira a expulsão de habitantes para sua substituição por outros, pois isso seria, falando com propriedade, um desenraizamento ou extirpação e não uma autêntica fundação.

Fundar uma colônia é como plantar um bosque. Não se deve esperar algum resultado antes que transcorra uma década e grandes rendimentos antes do transcurso de um período de tempo ainda bem maior. O anelo de um precipitado ganho prematuro foi a causa da ruína da maioria das colônias, não obstante os proveitos passíveis de serem obtidos prontamente não devam ser desprezados sempre que isso não ocorra em detrimento da colônia.[93]

Constitui algo vergonhoso, ímprobo e desacertado formar uma colônia utilizando a espuma ou a escória de uma nação, quer dizer, com os malfeitores, os desterrados e demais criminosos, o que significaria condenar a empresa de antemão à corrupção e à sua perda. Os homens desse tipo são incapazes de ter uma vida regrada, são indolentes e experimentam aversão por todo trabalho útil e pacífico; perpetram novos crimes, dilapidam as provisões, cansam-se muito depressa do estilo de vida da colônia e enviam ao seu país notícias falaciosas para grande prejuízo da própria colônia. Os homens a serem preferidos para tal empreendimento são os que exercem as profissões e ofícios correntes mais necessários, a saber, jardineiros, lavradores, ferreiros,

---

93. O texto original baconiano, como de costume, é escorreito e breve, obrigando o tradutor a ler criteriosamente nas entrelinhas e preencher, por vezes, brancos deixados por um ensaísta que exprime aqui o seu pensamento sem o rigor técnico do filósofo meticuloso do *Novo Órganon* (Obra presente em *Clássicos Edipro*). Optamos aqui pelo termo *colônia* primeiramente porque o inglês arcaico *planting* significa tanto plantação quanto *colônia* e também porque, historicamente falando, as fundações das antigas comunidades, empreendidas por comunidades ainda mais antigas, envolviam quase que necessariamente o estabelecimento de colonos nas áreas eleitas para a fundação.

carpinteiros, marceneiros, pescadores, caçadores, farmacêuticos, cirurgiões, cozinheiros, padeiros etc.

Ao chegar à região onde a colônia será fundada deve-se começar por investigar e descobrir quais os produtos, sobretudo os alimentícios, que o solo produz natural e espontaneamente, tais como castanhas, nozes, pinhões, azeitonas, tâmaras, cerejas, morangos e mel silvestres etc. e deles fazer uso. Posteriormente, será preciso sondar a fim de descobrir quais são nessa mesma classe de produtos alimentícios os que produzem uma safra em um ano, os que se desenvolvem com rapidez e facilidade, tais como cenouras, cherivias, nabos, cebolas, rabanete, melões, alcachofra, melancias, milho etc. O trigo, a cevada e a aveia exigiriam no início demasiado trabalho, porém pode-se semear favas e ervilhas, que se desenvolvem com pouco cultivo e podem substituir a carne e o pão; o arroz, que rende muito, pode satisfazer a mesma meta. Dever-se-á, sobretudo, dispor de uma copiosa provisão de farináceos, como o sorgo e similares, para atender à subsistência da colônia até ser capaz de cultivar trigo no próprio país.

Quanto ao gado e às aves será conveniente escolher as espécies menos sujeitas a doenças e mais prolíferas, como porcos, cabras, galos, galinhas, perus, gansos, pombos domésticos e similares. Os víveres deverão ser distribuídos sob forma de rações como se fosse em uma cidade sitiada, ou seja, com certa parcimônia; as principais terras empregadas nas hortas, jardins e no trabalho de cultivo devem ser comuns e também os produtos deverão ser colocados e armazenados em depósitos públicos. Entretanto, alguns pedaços de terra deverão ser explorados por particulares para que exerçam sua indústria.

Entre os produtos naturais do país, deverão ser considerados os que poderiam ser objeto de comércio e fonte de riqueza para a colônia, como se tem feito com o tabaco da Virgínia, o que poderá contribuir com os gastos da colonização, supondo-se que tais negócios não sejam mais prejudiciais do que úteis à colônia. Na maior parte dos locais onde colônias são estabelecidas, há madeira em abundância, a qual pode ser uma mercadoria de fácil saída e também poderá servir muitíssimo no próprio país, desde que sejam encontradas algumas minas para exploração de minério de ferro ou algumas correntes para funcionamento de moinhos. Se o clima for suficientemente quente para construir salinas, se deverá tentar essa indústria, a qual possibilita grandes rendimentos. Se houver bicho-da-seda na região, a produção da seda é recomendável pois este é um produto muito lucrativo. O piche, o breu e o alcatrão costumam ser copiosos em países nos quais haja largo cultivo de abetos e pinheiros. As drogas e as madeiras aromáticas devem ser consideradas como mercadorias valiosas. O mesmo pode ser dito a respeito da soda e de outros artigos do comércio. Entretanto, não convém mourejar nas minas, particularmente nos primeiros tempos da colônia, pois costumam ser empreendimentos enganosos com custos consideráveis e o expressivo proveito que se espera delas extrair faz que se negligencie os negócios mais seguros.

Quanto ao governo, parece-nos que deveria estar nas mãos de uma só pessoa assessorada por um Conselho. Além do Conselho, deverá haver uma comissão militar permanente encarregada da aplicação de leis marciais, embora com certas restrições ocasionais. A todo custo convém evitar pôr o governo nas mãos de muitas pessoas, especialmente se estiverem interessadas nos empreendimentos da colônia; melhor seria que esta fosse governada por cavalheiros ou nobres do que por mercadores porque estes últimos em geral somente têm olhos para as vantagens presentes e os ganhos prematuros.

A colônia deverá permanecer isenta de impostos até ter atingido um certo desenvolvimento e mesmo assim deverá gozar de completa liberdade para transportar e vender seus produtos onde mais lhe convenha, a menos que alguma razão particular e de monta indique que se deva impor restrições ao seu comércio.

Outro cuidado a ser tomado é tomar providências para que a população só cresça paulatinamente e segundo o exija a necessidade de novos braços para o trabalho e dentro das possibilidades dos recursos disponíveis de subsistência.

É frequente ocorrer a destruição ou ruína de colônias após curto período desde sua fundação pelo fato de terem sido estabelecidas próximas demais do mar, dos rios ou de sítios pantanosos. Se, por um lado, convém sempre no princípio não afastar-se dos litorais ou das margens dos rios navegáveis de modo a prevenir a dificuldade de transporte e outros incovenientes similares, por outro, superado esse estágio, será mais proveitoso penetrar no interior do país e se estabelecer em regiões menos insalubres. Do ponto de vista da saúde dos colonos, é importantíssimo contar com grande provisão de sal, quer para o uso nos alimentos, quer para a conservação dos mesmos.

Se a colônia for fundada em um país habitado por selvagens não bastará deixá-los contentes com presentes de pouco valor. Será necessário granjear seu afeto mediante uma conduta constantemente moderada e justa, sem esquecer por um só momento de cuidar da própria segurança. Não se deverá conquistar a amizade deles os auxiliando a combater seus inimigos, mas apenas protegendo-os e acudindo em sua defesa. Será conveniente enviar, eventualmente, alguns desses selvagens ao país fundador da colônia para que possam ver com seus próprios olhos que a condição dos homens civilizados é mais afortunada do que a deles e possam transmitir uma boa ideia disso aos seus compatriotas. Quando a colônia estiver consolidada, será a ocasião oportuna de levar mulheres para ela, de modo a não depender do exterior para repor a mortalidade ou a redução da população.

Não há vileza mais criminosa e mais odiosa do que abandonar uma colônia depois de ter feito os indivíduos que a compõem abandonarem o país fundador.

XXXIV – Das Riquezas

Se quisermos fazer uma justa e completa ideia do que são as riquezas deveríamos designá-las como o equipamento móvel da virtude, qualificação que seria ainda mais exata se pudéssemos empregar um termo que significasse precisamente o que significa a palavra latina *impedimenta*, com a qual os romanos designavam o equipamento móvel do exército, pois o que as riquezas são para a virtude é análogo ao que o equipamento móvel é para o exército: indiscutivelmente indispensável, mas comprometedor da marcha das tropas; ademais, o cuidado para protegê-lo leva à perda de oportunidades das quais depende a vitória.

A utilidade das riquezas reside no prazer proporcionado pelo seu gasto, todo o restante não passando de uma rematada falácia. Dizia Salomão que *Onde há muito, também muitos há para despender, e qual o proveito que disso tira o rico exceto o prazer de vê-lo com os próprios olhos?* Por conseguinte, quem dispõe de uma grande fortuna não frui da totalidade do que possui e todo o usufruir de seus imensos bens se reduz ao trabalho de conservá-los, protegê-los, o cuidado de investi-los ou o estulto prazer de com eles alimentar um luxo tão ostensivo quanto vão. Sabeis porque se atribuiu um preço fictício a pedrinhas preciosas reluzentes e raridades e porque tantas obras faustosas foram empreendidas? O objetivo foi o de fazer parecer tais enormes riquezas úteis para algo.

Poder-se-ia indagar se quem as possui não poderia delas se servir para defender-se e livrar-se de perigos, dificuldades e privações. A isso Salomão já respondeu dizendo: *O abastado se crê forte contemplando os seus bens, porém sua força não vai além de sua imaginação.* Vê-se, pois, que o poder do rico é tão falso como um sonho. As riquezas acabam servindo para que seus possuidores sejam vendidos; é maior o número de ricos que as riquezas conduzem à perda do que os que conduzem à salvação, pelo que devemos nos abster de aspirar a uma opulência faustosa.

Não deveríamos nos contentar com uma riqueza que se possa adquirir honradamente, que se gaste sem avareza ou prodigalidade e que não cause profunda tristeza quando se perde? Mas não é por isso que aconselhamos que se vote às riquezas um desprezo filosófico ou monástico: é mais conveniente aprender a fazer um bom uso delas, seguindo o exemplo de Rabírio Póstumo, cujo elogio faz Cícero nos seguintes termos: *In studio rei amplificandae apparebat, non avaritiae praedam, sed instrumentum bonitati quaeri.*[94]

94. "Ao buscar aumentá-las, não procurava ser cativo da avareza, mas dispor de um instrumento para fazer o bem."

E ouçamos Salomão: *Qui festinat ad divitias, non erit insons.*[95]

Dizem os poetas que quando Pluto, o deus das riquezas, é enviado por Júpiter [Zeus] caminha trôpega e lentamente, como se percorresse uma senda tortuosa, mas que quando é enviado por Plutão[96] corre com pés ligeiros. A significação dessa alegoria é que as riquezas adquiridas graças a um labor honrado e esforçado chegam a passo lento, enquanto que as que nos chegam graças à morte de outrem, ou seja, mediante heranças, legados etc., favorecem rapidamente as pessoas das quais farão ricos. Se darmos um sentido diverso a esse mito e encararmos Plutão como o demônio, poder-se-á igualmente fazer com tal mito uma oportuna ilustração, posto que, quando as riquezas são dispensadas pelo demônio, são conquistadas mediante a fraude, a violência e as injustiças, de sorte que nos parece que chegam celeremente.

Há muitos meios de se enriquecer, porém os meios honrados são poucos, devendo se considerar a economia (parcimônia) como um dos mais seguros nessa última categoria. Todavia, a própria economia não é inteiramente inocente porque afasta os homens da generosidade e da caridade.

O aprimoramento dos métodos da agricultura é o caminho mais natural para o enriquecimento nessa atividade e os produtos dados pela terra aos seres humanos que a eles fazem jus pelo seu labor e esforço são os dons da mãe comum dos mortais. Esse caminho é, na verdade, um tanto largo, mas quando os homens que já são ricos devotam seus capitais ao cultivo, suas fortunas crescem rápida e prodigiosamente. Conheci um *lord* que granjeara uma fortuna imensa através desse meio, que possuía rebanhos de várias espécies animais, bosques para produção de madeira, minas de carvão, de chumbo e de ferro, rendas com o cultivo do trigo e de outros produtos desse tipo, de maneira que a terra para ele era como um segundo oceano doador de todo gênero de bens. Enfrentara, ao iniciar a multiplicação de seus bens, muitas dificuldades e esforços para adquirir alguns recursos, porém uma vez estes logrados, progrediu muito menos dificilmente até atingir a maior opulência.

Sucede, com efeito, que quando um homem dispõe de fundos consideráveis, goza de uma vantagem imensa e contínua sobre os outros. Pode tirar proveitos das melhores oportunidades, empregar em grande escala e a preços mais baixos, guardar seus produtos para quando possam ser vendidos a preço superior e, finalmente, participar dos ganhos daqueles mesmos que, tendo menos lucros, se veem na necessidade de pedir-lhe dinheiro emprestado ou

---

95. "Aquele que anela ser riquíssimo não poderá manter a honradez."

96. Ou Hades, o deus do mundo subterrâneo, mundo dos mortos e *inferno*. A *proximidade* entre Pluto e Plutão (em grego Πλουτος e Πλουτων) não é apenas morfológica. As grandes fortunas na Antiguidade eram constituídas principalmente por ouro, prata e outros metais, cujos minérios, extraídos nas minas, provinham do *subsolo*, da região *inferior*.

suprir-se em seus armazéns, o que indiscutivelmente contribui para enriquecê-lo em pouco tempo.

Os ganhos e proventos das diferentes profissões são justos e legítimos e o que pode determinar o seu aumento são o trabalho, a diligência e uma boa e honrosa reputação conquistada mediante uma conduta irrepreensível. As atividades comerciais têm um caráter um pouco mais dúbio, sobretudo quando ocorrem abusando-se da aflição e aperto dos outros, quando para obtenção das mercadorias a preço inferior corrompem-se os dependentes, comissionados etc. dos vendedores e quando se afasta mediante meios fraudulentos os concorrentes que se achariam dispostos a oferecer pelos artigos um preço mais elevado. Quando tais homens compram para revender, subornam os corretores de modo a ganhar de antemão por duas vias. As companhias ou sociedades de comércio constituem também um meio de enriquecimento quando se conta com bom tino para escolher os sócios.

Um dos meios mais eficazes para o enriquecimento é a usura, sendo também um dos mais iníquos: o usurário come o pão que o outro ganha com o suor de sua fronte[97] e se pode dizer que trabalha aos domingos. Todavia, ainda que esse meio seja bastante seguro, não deixa de apresentar seus riscos. Os notários e agentes exibem como bons os bens de quem pede o empréstimo, mesmo cientes de que seus negócios se acham em péssimo estado.

Aquele que inventa algo útil ou prazeroso, o primeiro que o apresenta ao público ou aquele que detém o privilégio de explorá-lo, adquirem, por vezes, através disso um farta fonte de riqueza, como sucedeu com o primeiro homem que produziu açúcar nas Canárias. Assim, portanto, quando alguém tem ao mesmo tempo discernimento e bastante engenhosidade, está munido de um grande recurso para o enriquecimento rápido, sobretudo se as circunstâncias lhe são favoráveis. Quem só deseja ganhos absolutamente seguros raramente granjeia grande fortuna e quem é amante de arriscar tudo por tudo acaba por obrar sua própria ruína.

Deve-se combinar os empreendimentos de risco com os de caráter mais seguro, para que estes últimos permitam suportar as perdas eventualmente produzidas pelos primeiros. Riquezas também podem ser logradas brevemente valendo-se dos monopólios, ou comprando grandes quantidades para suprir revendedores, isto quando as leis não impeçam esse tipo de comércio. Riquezas são, mormente, conseguidas quando se prevê com acerto quais os momentos e lugares em que haverá maior demanda da mercadoria que se comprou.

As riquezas adquiridas no serviço dos reis ou dos grandes são, por si mesmas, honrosas. Entretanto, quando constituem o preço da bajulação e da intri-

---

97. Em latim no original: *in sudore vultus alieni.*

ga, em lugar de honrar, degradam e envilecem. Todavia, a arte de enredar, por assim dizer, heranças e legados dos ricos, arte que Tácito repreende em Sêneca ao afirmar: *testamenta et orbos tamquam indagine capi*[98] é ainda pior e ainda mais infame quando implica o emprego da adulação de pessoas de condição subalterna.

Nem sempre se deve dar crédito a esses indivíduos que afetam desprezar as riquezas, porque aqueles que as desprezam com facilidade são, geralmente, os que desesperam para poder possuí-las e os que mais as estimam se eventualmente chegam a possuí-las.

Tampouco se deve exagerar na economia a ponto de atingir a avareza: que não se esqueça de que se as riquezas têm asas com as quais às vezes voam e se distanciam para não mais retornar, às vezes convém fazê-las voar por grandes distâncias para que retornem aumentadas.

Ao morrer, os homens deixam seus bens aos seus filhos, aos seus parentes próximos, aos seus amigos ou ao público. Quando as heranças e legados são modestos, os efeitos são mais vantajosos; uma grande fortuna, porém, deixada a um herdeiro, é um alimento que atrai as aves de rapina para ele, sendo-lhe impossível defender-se da voracidade com que estas o ameaçam, a não ser que já tenha alguma idade e siso desenvolvido e amadurecido. Da mesma maneira, as grandes doações feitas ao público e suas fundações faustosas são como sacrifícios sem sal, como sepulcros luxuosos, os quais, a despeito de sua magnífica aparência, em breve só encerrarão putrefação e corrupção. Assim, não medis o valor de vossas doações e legados em função da quantidade a que ascendam, mas sim pela conveniência e utilidade que possam produzir, observando nisso como em tudo o mais, justas e sábias proporções. E, finalmente, não permaneceis adiando a decisão do destino de vossos legados até a hora da morte, pois falando com propriedade, quando um moribundo dispõe do que é seu, dispõe, de alguma maneira, do que já não lhe pertence mais.[99]

XXXV – Das Profecias

Não me refiro aqui às profecias contidas nos livros sagrados, nem aos oráculos dos pagãos e nem tampouco aos prognósticos naturais, mas tão só às profecias que granjearam um certo prestígio e cujas causas são totalmente desconhecidas. Lê-se, por exemplo, no Antigo Testamento que a pitonisa consultada por Saul lhe disse: *Amanhã tu e teu filho estareis comigo.* Em Virgílio encontramos estes versos:

---

98. "Apoderava-se da testamentaria dos órfãos e das tutelas como com uma rede."

99. Parecer partilhado também por Platão em *As Leis* (Obra presente em *Clássicos Edipro*).

At domus Aeneae cunctis dominabitur oris,
Et nati natorum, et qui nascentur ab illis.[100]

Essa profecia parece referir-se ao Império Romano. O trágico Sêneca compôs também os versos seguintes que se afiguram prenunciadores do descobrimento da América:

Venient annis
Saecula seris, quibus Oceanus
Vincula rerum laxet, et ingens
Pateat Tellus, Tiphysque novos
Detegat orbes; nec sit terris
Ultima Thule.[101]

A filha de Polícrates, tirano de Samos, viu o pai em sonho sendo banhado por Júpiter e ungido por Apolo. De fato, pouco tempo depois tal tirano foi executado e seu corpo, exposto ao sol ardente, se cobriu de suor e foi banhado pela chuva. Filipe da Macedônia sonhou que colocara seu sinete sobre o ventre da esposa; tentando compreender o significado desse sonho chegou à conclusão de que sua mulher era estéril. Aristandro, seu adivinho, o informou que, pelo contrário, devia crer que sua esposa estava grávida, entendendo que de ordinário não se põe o selo sobre algo que está vazio. O fantasma que apareceu a Bruto em sua tenda lhe disse: *Philippis iterum me videbis.*[102] Tibério disse um dia a Galba: *Tu quoque, Galba, degustabis imperium.*[103]

Quando Vespasiano ainda se achava na Judeia, propalou-se muito pelos países orientais uma profecia segundo a qual aquele que dali partisse rumo a Itália lograria o império do universo, profecia aplicável ao Salvador, mas que Tácito, o autor que a refere, atribui ao imperador Vespasiano. Domiciano, na noite anterior ao dia de sua morte, sonhou com uma cabeça de ouro que nascia de seu pescoço e, com efeito, os príncipes que o sucederam deram origem a uma nova idade de ouro. Henrique VI da Inglaterra disse certo dia a um jovem que lhe dava água para lavar as mãos e que reinaria posteriormente como Henrique VII: *Este jovem será aquele que usará a coroa que disputamos.*

Recordo haver ouvido de um certo dr. Pena, quando me encontrava na França, que a rainha-mãe, Catarina de Médicis, que acreditava em artes curiosas[104] ordenou, em certa ocasião, que lhe fosse providenciado o mapa natal de

100. "E dominarão todas as terras os filhos de Eneias, / E os filhos dos filhos destes e os que deles nasçam."

101. "Anos virão em que os presentes limites do Oceano / Serão rompidos e em que a Terra se mostrará mais ampla / Outro Tífis descobrirá novos mundos / E Thule não será mais / A última das terras."

102. "Voltarás a me ver em Filipes."

103. "Tu, também, Galba, saborearás o ser imperador."

104. *Curious arts*, ou seja, a astrologia.

seu esposo, Henrique II, revelando para isso somente a hora do nascimento do rei e um falso nome. Após interpretar o mapa, o astrólogo asseverou que o rei morreria em um duelo, afirmação que levou a rainha ao riso, ciente de que seu marido estava acima de desafios e duelos. Entretanto, o fato é que Henrique II pereceu em um torneio em competição com o conde de Montgomery: a lança deste se partiu e um de seus pedaços introduziu-se na viseira do elmo do rei, ferindo-o letalmente.

Uma profecia citada com frequência e que ouvi quando era um menino e a rainha Elizabete estava na flor de seus anos dizia assim:

When hempe is spun / England's done.[105]

A interpretação era de que depois que houvessem reinado os monarcas cujos nomes começavam pelas letras da palavra *hempe* (a saber, Henry, Edward, Mary, Philip e Elizabete), a Inglaterra desapareceria, o que, graças a Deus, só se verificou no que toca ao nome, visto que o título de nosso rei não é mais "da Inglaterra", mas "da Grã-Bretanha".

Há também uma outra profecia a respeito do ano de 1588 que não compreendo bem e que diz assim:

There shall be seen upon a day,
Between the Baugh and the May,
The black fleet of Norway.
When that that is come and gone,
England build houses of lime and stone,
For after wars shall you have none.[106]

Geralmente acredita-se que isso aludia à armada espanhola que chegou em 1588,[107] pois o sobrenome do rei da Espanha é, como aqui se diz, *Norway.*

Assim também se cumpriria a predição do Regiomontano, a qual dizia: *Octogesimus octavus mirabilis annus,*[108] já que nesse ano se viu a frota mais grandiosa (não por seu número mas por sua força) que já cruzara os mares.

Quanto ao sonho de Cleonte, é de se crer que não passasse de um gracejo: ele sonhou que um dragão de prodigioso comprimento o devorava e assustou-se muito com a explicação que lhe deu desse sonho um salsicheiro.

As predições desse naipe são bastante numerosas, mormente se forem computadas aquelas dos astrólogos e os sonhos proféticos, pelo que preferi

105. "Quando *hempe* [iniciais de *Henry, Edward, Mary, Philip* e *Elizabete*] se esgotar / A Inglaterra estará acabada."

106. "Ver-se-á um dia, / Entre abril e maio, / A negra frota da Noruega. / Depois que esta vir e se for, / A Inglaterra constrói casas de cal e pedra, / Pois por trás de guerras não terás nenhuma."

107. Ou seja, a denominada "Invencível Armada" enviada em 1588 por Felipe II da Espanha contra a Inglaterra."

108. "O octagésimo oitavo ano de prodígios."

me referir ao que é mais conhecido e que goza de maior crédito. Todas essas pretensas profecias devem ser igualmente desprezadas e classificadas entre os contos que servem para entreter as pessoas simples quando se acham em torno do fogo durante as longas noites de inverno. Entretanto, quando digo que devem ser desprezadas, quero dizer somente que são indignas de qualquer crédito, pois o zelo com o qual certas pessoas as divulgam e creditam merece nosso receio, visto que algumas vezes tem ocasionado grandes desgraças; a propósito, conheço leis severas cujo objetivo expresso é proibi-las.

Como se pôde dar a elas crédito?

É possível atribuir três causas a isso. *Primeira*: quando o acontecimento verificado é conforme o prognóstico, as pessoas observam essa conformidade, isto embora no caso contrário a falsidade do presságio passe desapercebida; *segunda*: ocorre amiúde que hipóteses prováveis ou tradições obscuras se convertem em profecias depois de se cumprirem casualmente, e seduzido o indivíduo devido ao seu vivo desejo de conhecer o futuro, imagina facilmente que é capaz de predizer ousadamente aquilo que só é passível de conjetura: explicação aplicável aos versos proféticos de Sêneca, o trágico, posto que era fácil presumir que a superfície do globo teria além do Oceano Atlântico regiões vastas, sendo inteiramente improvável que um espaço tão dilatado consistisse apenas em mar. Este raciocínio é, ademais, apoiado pela antiga tradição que consta no *Timeu*, de Platão e pelo que diz da Atlântida pode o poeta muito bem atrever-se a converter a conjetura em profecia; *terceira*: a causa principal e última é que a maior parte dessa predições, cujo número é infinito, tem sido imposturas criadas por indivíduos ociosos e astutos que as montaram depois da ocorrência dos fatos.

XXXVI – Da Ambição

A ambição é uma paixão cujos efeitos são muito similares aos da bílis, pois se sabe que quando esse humor atua sem barreiras, torna os indivíduos humanos ativos, ardentes e diligentes, ao passo que quando é barrado, se torna maligno e venenoso.

Enquanto um ambicioso encontra caminho aberto para fazer o seu progresso, se revelará mais ruidoso do que perigoso; todavia, se seus esforços colidem com obstáculos intransponíveis, um descontentamento secreto que passa a mortificá-lo o fará contemplar os seus semelhantes e os negócios com um olhar ruim, só encontrando satisfação quando tudo caminhar desastrosamente, o que constitui a mais criminosa e perigosa de todas as disposições que pode deter um homem consagrado ao serviço de um príncipe ou de um Estado.

Desse modo, sempre que um príncipe se sentir na necessidade de servir-se de um ambicioso, deverá empregá-lo e dispensar-lhe as recompensas, de forma que sempre progrida alguma coisa. Porém, precisamente porque se trata de um movimento sempre progressivo, expõe o monarca a muitos inconvenientes, pelo que talvez seja melhor não empregar diretamente esse tipo de homem, porque se seus serviços não fizerem prosperar, ele se comportará de modo que com ele fracassem e se inutilizem ao mesmo tempo.

Uma vez que dizemos que o príncipe só deve se valer de homens ambiciosos em casos de mui premente e imperiosa necessidade, convém que indiquemos os casos em que possam ser necessários. Para o comando de exércitos a escolha deve cair sobre os homens mais hábeis nas artes bélicas, sem atender ao fato de serem ou não ambiciosos. Os serviços dessa categoria se fazem de tal modo necessários que compensam todos os demais inconvenientes e querer privar um militar de sua ambição seria querer arrebatar-lhe suas esperanças. Um príncipe pode transformar um ambicioso em uma espécie de anteparo para defender-se dos golpes da inveja e de outros tipos de perigos: quem se enquadraria neste papel senão o ambicioso, que se assemelha a uma pomba cega que ascende continuamente porque não enxerga o que há ao seu redor? Um homem desse tipo pode ser útil também para eliminar outro que se eleve excessivamente, como no exemplo de Tibério, que empregou Marco para abater Sejano.

Assim, os ambiciosos podem ser úteis nos casos que acabamos de indicar, restando dizer como se pode reprimi-los e empregá-los de sorte a não haver nada que deles possamos temer. Um ambicioso é menos temível quando pertence a uma classe modesta do que quando tem origem ilustre, coisa idêntica ocorrendo quando tem maneiras bruscas e grosseiras em lugar de ser afável, simpático e popular. Também representará menos perigo se sua ascensão for ainda recente, do que quando, tendo envelhecido ocupando cargos honrosos, parece ter lançado nestes profundas raízes.

Comumente é tido como fraqueza um príncipe ter um favorito. Não concordo e precisamente isso que outros censuram, vejo, pelo contrário, como o melhor remédio para conter a ambição dos grandes, porque quando o favorecimento ou desfavorecimento dependem de um indivíduo privado, não é preciso recear que alguém ascenda demasiadamente. Um método não menos seguro de conter um ambicioso consiste em opor-lhe um outro ambicioso para que assim haja um contrabalançar. Neste caso, contudo, é necessário dispor de outros conselheiros conciliadores para que o equilíbrio entre ambos seja mantido, pois sem essa espécie de lastro, a embarcação se excederia em velocidade e correria o risco de soçobrar. Ao príncipe também está facultado dar proteção e alento a algum indivíduo de uma ordem inferior para que atue como um látego na eventual correção dos ambiciosos. No que concerne ao meio de fazê-los vislumbrar sua desqualificação próxima, admitimos que bastará para contê-los se forem de temperamento tímido; entretanto, se forem homens audazes e empreendedores, fazê-los entrever sua próxima desqualificação, longe de contê-los, poderá induzi-los a precipitar a execução de seus planos, tornando-os, então, perigosos.

Falando agora dos meios de se desfazer deles, quando a necessidade dos negócios o requer e não se pode fazê-lo abertamente, a tática mais conveniente de tratar com eles será mesclar de tal modo os favorecimentos e desfavorecimentos que lhes torne impossível imaginar de maneira cabal o que devam aguardar ou temer, com o resultado de ficarem desorientados.

Uma ambição nobre oriunda do desejo de distinguir-se levando a cabo grandes empreendimentos é menos perigosa do que aquela de um homem cheio de pretensões, que, aspirando a sobressair-se em tudo, quer se intrometer em tudo, um tipo de ambição que é fonte de confusões e desordens.

Todavia, o ambicioso que se ocupa pessoalmente de tudo, por mais ativo que seja, oferece menos perigo do que aquele que chega a tornar-se poderoso através do grande número de seus favorecidos e das pessoas que dele dependem. O homem que deseja ocupar o posto mais elevado entre os mais habilidosos e eminentes se impõe uma penosa tarefa que lhe será impossível realizar se não tornar-se efetivamente útil à sua pátria; em contrapartida, aquele que produz intriga objetivando ser o único que se destaca acarreta a decadência de toda uma época.

Podem os homens propor-se à consecução de três espécies de vantagens: a possibilidade de fazer o bem; a vantagem de acercar-se do príncipe e dos grandes; e a vantagem de aumentar sua reputação e fortuna. O indivíduo que só aspira à primeira é honrado e virtuoso e a verdadeira sabedoria de um príncipe consiste em reconhecer tais propósitos. Desse modo, os príncipes e os governos devem preferir para os cargos públicos aos que se devotam mais a desempenhar bem suas obrigações do que produzir sua ascensão, e aos que, ao se encarregarem dos negócios, os assumem como coisa própria, desejando mais a satisfação de sua consciência do que a obtenção de resultados brilhantes.

Por último, não se deve confundir um homem intrigante com um homem de temperamento ativo.

XXXVII – Das Comédias e Dos Comediantes

Na verdade, essas coisas são muito frívolas para as integrarmos às sérias observações anteriores e posteriores. Entretanto, como os príncipes se entretêm com elas, melhor será que sejam levadas a efeito com graça e elegância e que se evite que redundem em algo ridículo e prejudicial.

A dança acompanhada do canto produz muito realce e prazer. Os cantores, a meu ver, devem formar coros, a serem posicionados na parte superior do cenário e acompanhados pela interpretação musical de cada instrumento, cuidando-se para que as canções sejam apropriadas às diversas circunstâncias.

Revela muita elegância e graça atuar paralelamente ao canto, especialmente nos diálogos; e digo *atuar* e não dançar, porque o baile é coisa medíocre e vulgar. As vozes dos atores devem ser vigorosas e viris, ou seja, de baixos e tenores, e não agudas; quanto à canção, deve ser inspirada e dramática e nunca insípida ou melindrosa. Obtém-se um resultado agradabilíssimo quando os diversos coros, dispostos acima e atrás uns dos outros, iniciam a interpretação em ingressos sucessivos, como nas antífonas.

Transformar as danças em figuras constitui uma curiosidade infantil. Note-se que aponto aqui essas coisas para que sejam tomadas no valor que naturalmente detêm e em seu justo sentido e não para se contemporizar com engrandecimentos vulgares.

Em verdade, constituem coisas de grande beleza e deleite as mudanças de decorações e cenários, desde que sejam feitas discretamente e sem alvoroço, pois alimentam o prazer dos olhos e os aliviam antes que se sintam repletos do mesmo espetáculo. No que a isso diz respeito, é preciso cuidar para que os cenários contenham luz copiosa e de cores diversas e que os cômicos ou quaisquer outros atores se apresentem e atuem no próprio palco do cenário antes de se exibirem entre os assistentes, pois estimula intensamente a atenção e proporciona grande prazer o desejo de ver o que não é possível distinguir com todos os detalhes.

Que as canções sejam de grande sonoridade e joviais e não chiantes e lastimosas e que a música seja, analogamente, firme, de grande sonoridade e bem compassada.

À luz das velas as cores que mais reluzem são o branco, o vermelho encarnado e um certo tom do verde marinho; nesse caso as lantejoulas se destacam, sendo estas baratas e facilmente acessíveis, o que implica dupla vantagem. Isso não ocorre com os bordados dispendiosos que, não podendo aqui ser apreciados devidamente, geram um custo desnecessário. Deve-se providenciar para que os trajes dos comediantes sejam airosos, tal como o seriam os de seus personagens reais, e que não sejam copiados atavios que venham a ser amaneirados pelo fato de serem conhecidos, como aqueles do turco, do soldado, do marinheiro e outros similares.

Que as antimáscaras não sejam excessivas. As mais habituais são as que representam loucos, sátiros, tipos grotescos, selvagens, palhaços, animais, duendes, bruxas, etíopes, pigmeus, anões, ninfas, campônios, cupidos, estátuas semoventes e outras análogas. Não é gracioso usar anjos como antimáscaras, sendo evidentemente inadequado fazer uso de diabos, gigantes e outros seres hediondos. Mas que, acima de tudo, a música tocada seja recreativa e dotada de mudanças inesperadas.

Convém exalar de vez em quando odores aromáticos, sem se sentir a precipitação das gotas de perfume, pois em tal ambiente de calor e vapor, tais aromas produzirão enorme frescura e grande satisfação. Os casais de cômicos mascarados que representem homens e mulheres acrescentarão hierarquia e variedade ao espetáculo. Que se cuide, sobretudo, para que o salão esteja muito iluminado e limpíssimo.

No tocante às justas, torneios e saltos, seu esplendor consiste principalmente na pompa das carroças nas quais os participantes fazem sua apresentação, especialmente se são tiradas por animais raros, como leões, ursos, camelos etc., e também nos estilos e circunstâncias de sua aparição, ou no brilho de seus atavios, ou no luxo de seus equipamentos pessoais, de suas armaduras ou dos arreios de suas cavalgaduras.

Mas chega desses entretenimentos.

XXXVIII – Da Natureza Humana

A índole natural do ser humano está amiúde encoberta, por vezes dominada e muito raramente alterada por completo. Quando é violentada, retorna com maior energia logo que reassume sua posição de vantagem. A instrução e os bons preceitos podem moderar sua impetuosidade, porém somente os hábitos têm o poder de domá-la e mudá-la.

Aquele que quiser conquistar o hábito de dobrar sua própria índole natural não deverá se impor quer tarefas demasiado grandes, quer tarefas demasiado modestas: no primeiro caso, se desanimaria diante da impotência de seus esforços e no segundo não produziria suficiente progresso em sua empresa, ainda que com frequência obtivesse algum bom resultado. A princípio e para tornar o trabalho menos árduo, convém buscar alguma ajuda, do mesmo modo que uma pessoa que aprende a nadar se vale de bexigas cheias de ar ou cortiça; depois, entretanto, devem aumentar propositalmente as dificuldades, como fazem os bailarinos com as sapatilhas, pois se os ensaios são mais difíceis do que as ocupações ordinárias, estas são aperfeiçoadas com maior rapidez e são praticadas com maior liberdade.

Quando, em função da índole natural ser muito vigorosa e enérgica, a vitória se torna mais difícil, faz-se necessário conquistá-la pouco a pouco e como que por estágios, a saber, *em primeiro lugar* é preciso refrear por algum tempo a índole natural por completo, seguindo o exemplo de quem, agitado pela cólera, pronuncia as 24 letras do alfabeto antes de agir; *em segundo*, é preciso moderar-se gradativamente de modo a ganhar terreno paulatinamente, como o faria uma pessoa que, desejosa de abandonar o hábito de beber vinho, deixasse de brindar com ele todas as horas, para depois só tomá-lo às refeições, até lograr a completa abstenção dele. Contudo, se alguém dispuser de vontade e determinação para libertar-se definitivamente, isso será preferível, pois:

Optimus ille animi vindex laedentia pectus
Vincula qui rupit, dedoluitque semel.[109]

Não é descartável a antiga regra que prescreve que se verguem o gênio e o espírito em sentido contrário à índole natural de sorte a corrigi-la mais facilmente, da maneira que se dobra um bastão em sentido contrário à sua curva objetivando endireitá-lo. Entretanto, esse preceito deve ser acatado somente no caso de esse extremo oposto não ser, por si mesmo, um vício.

Quando tiveres como empenho a aquisição de um novo hábito, não ajas mediante um esforço de excessiva continuidade e descansa intermitentemente um pouco. A interrupção e algum repouso recuperam o vigor, sem considerar que uma pessoa que não se acha bastante aprimorada naquilo que pratica ininterruptamente exercita da mesma forma erros e perfeições, a mais segura das soluções para esse inconveniente sendo a suspensão de tal exercício. Todavia, nenhum triunfo sobre a índole natural merece muito crédito pois ela poderá permanecer velada por muito tempo, embora na primeira ocasião favorável que se lhe apresente volte a emergir. É testemunho disso aquela gata de que nos fala Esopo em uma de sua fábulas, que tendo sido transformada em mulher, manteve-se decentemente sentada à mesa até o momento em que viu passar um rato. Evita, portanto, essas situações ou trata de acostumar-se a elas para que não te possam impressionar.

A índole natural de um indivíduo se manifesta de modo mais claro e franco na vida privada e nas relações íntimas, já que não havendo nesse caso motivo para disfarçá-la, se exibe sem dissimulação. Também se põe a descoberto quando são experimentadas emoções violentas que fazem pôr de lado todas as regras e precauções, e nas situações novas e imprevistas nas quais somos abandonados por nossos hábitos.

Feliz é o mortal cuja profissão se harmoniza com sua índole... sendo que em caso contrário poder-se-ia dizer: *Multum incola fuit anima mea.*[110] De fato, quão insuportável é a vida de um homem que se acha perpetuamente ocupado com coisas que não o agradam! No que tange aos estudos, é conveniente contar com horas fixas nas quais nos dediquemos àqueles estudos aos quais não somos naturalmente propensos; em contrapartida, com respeito àqueles

---

109. "O mais excelente defensor de sua vida é quem firmemente rompe os laços que lhe oprimem o peito, deixando de sofrer de uma vez por todas."

110. "Por muito tempo minha alma esteve fora de sua morada."

que são de nosso gosto, é desnecessário destinar-lhes horas preestabelecidas: nosso pensamento se inclinará para eles sem que tenha de ser para isso estimulado, podendo lhes ser reservado o tempo deixado livre pelos assuntos e estudos menos agradáveis, mesmo que mais úteis e necessários.

A natureza semeou, por assim dizer, sementes boas e más na nossa alma. Vivamos, portanto, a totalidade de nossas vidas cultivando as primeiras e extirpando as segundas.

XXXIX – Dos Hábitos e Da Educação

O pensamento dos homens depende de suas inclinações; seu discurso depende de suas luzes, dos mestres que tiveram e das opiniões que adotaram; suas ações, contudo, são determinadas tão somente por seus hábitos, como observa Maquiavel, ainda que este dirija essa afirmação a um caso repudiável.

Será debalde fiar-se na energia da índole ou nas mais firmes promessas se tudo isso não estiver fortalecido e como que sancionado pelos hábitos. *Por exemplo* – diz o autor citado – *para empreender um atentado perigoso e comprometedor, quer de conspiração, quer de qualquer outra espécie, não te fies na ferocidade natural do indivíduo nem na audácia com a qual o empreende, mas sim em um homem que já tenha suas mãos habituadas ao calor do sangue.* Vê-se que Maquiavel não ouvira falar do frade Clemente, nem de Ravaillac, nem de Jaureguy, nem de Baltazar Gerard. Entretanto, apesar dessas exceções, sua regra se revela muito segura pois é indubitável que a índole natural e os mais sólidos compromissos não ombreiam o poder dos hábitos.

Com eles somente o fanatismo pode rivalizar, tendo granjeado atualmente progressos tão expressivos que os assassinos cujo braço armou não se mostraram inferiores aos matadores profissionais; do mesmo modo, as decisões baseadas na superstição têm para todo ato sangrento força idêntica aos hábitos; em todos os demais casos, contudo, a preponderância dos hábitos é conspícua. Quem poderá duvidar de seu poder ao se presenciar os homens, depois de tantas promessas, tantos protestos, tantos compromissos formais e tantas palavras empenhadas, fazerem e repetirem o que anteriormente fizeram, como se fossem autômatos ou máquinas movidas tão somente pela mola dos hábitos?

Eis aqui alguns exemplos de seu poder tirânico. Há indianos – e me refiro à seita de seus homens sábios[111] – que se sentam tranquilamente sobre um lenho ardente e se sacrificam pelo fogo. Há viúvas que entram em disputa pela honra de serem queimadas com os cadáveres dos esposos. Em Esparta havia rapazes que se deixavam açoitar nos altares de Diana[112] sem exprimir uma única quei-

111. No original: *I mean the sect of their wise men.* Bacon refere-se aos *gimnosofistas.*

112. Ou seja, *Ártemis.*

xa até brotar sangue de suas peles. Lembro-me de que no início do reinado da rainha Elizabete um rebelde irlandês que fora condenado à pena capital providenciou uma petição solicitando a graça de ser enforcado em uma corda de vime retorcido em lugar da corda comum, por ter sido aquela a usada com os rebeldes irlandeses que o haviam antecedido. Na Rússia há monges que, durante o inverno, se impõem a penitência de mergulhar os corpos na água e nesta permanecer até que a água congele ao redor deles.

Visto ser esse o poder dos hábitos, cumpre que nos empenhemos em adquirir apenas os bons.

Os hábitos contraídos na infância são, incontestavelmente, os mais dominantes. O que chamamos de educação não passa, essencialmente, dos hábitos adquiridos na infância. Sabe-se, por exemplo, que crianças e jovens aprendem idiomas mais facilmente do que adultos, o que se explica que naquelas duas primeiras faixas etárias a língua é mais flexível ou dócil, prestando-se mais facilmente aos movimentos exigidos pela formação dos sons. Pela mesma razão, posto que os membros apresentam mais flexibilidade e liberdade nos anos de juventude, os corpos dos jovens se habituam, com menos inconvenientes, com todo tipo de exercícios e movimentos, ao passo que aqueles que os iniciam mais tarde se defrontam com muito mais dificuldades para superar as barreiras que surgem. Há, todavia, alguns indivíduos que cuidam no sentido de deixar suas mentes abertas às novas impressões, sem contraírem nenhum hábito do qual não possam se livrar a fim de estarem sempre predispostos ao aprimoramento.

Contudo, se os hábitos exercem tanto domínio sobre indivíduos isolados, exercem também um grande poder sobre aqueles que acham em coletividade, como em um exército, em um colégio, em um convento etc. Neste último caso, o exemplo instrui e dirige, o trato com os outros sustenta e fortalece, a emulação desperta e estimula e as honras e recompensas exaltam o ânimo, de sorte que em tais agrupamentos os hábitos atingem o máximo de sua força. A experiência prova sobejamente que a multiplicação das virtudes entre os membros de nossa espécie é o efeito de instituições sábias regidas por uma judiciosa disciplina e de outras associações adequadamente ordenadas e dirigidas. Observa-se que as repúblicas e, em geral, os bons governos alimentam virtudes inatas, porém raramente sabem plantar a semente de outras novas virtudes e fazê-la germinar. Atualmente, a dificuldade no que a isso concerne reside no fato de que os meios mais eficazes são aplicados a fins pouco dignos do homem.

XL – Da Fortuna

É indubitável que há muitas causas puramente fortuitas capazes de conduzir os homens muito celeremente à fortuna, tais como o favorecimento dos grandes, uma feliz casualidade, a morte de outros que deixam herança e as oportunidades favoráveis às virtudes ou talentos que nos são próprios. Entretanto, o mais usual é a sorte de cada indivíduo estar em duas mãos, como o disse um poeta mediante esta frase: *Faber quisque fortunae suae.*[113]

Dessas causas o que mais ocorre é a estupidez de uns produzir a fortuna de outros, pois o meio mais rápido de prosperar é tirar proveito dos erros dos outros. Uma serpente só se transforma em dragão depois de ter devorado uma outra serpente: *Serpens nisi serpentem comederit non fit draco.*

As virtudes ostensivas e de grande aparência atraem elogios aos seus possuidores; há, porém, virtudes secretas e ocultas que contribuem ainda mais para nossa fortuna e a esta espécie pertence uma certa maneira delicada e fácil de fazer-se valer, o que os espanhóis exprimem em parte pela palavra *desenvoltura*,[114] que nos leva a pensar que na busca da sorte é preciso ter, em lugar de um temperamento áspero e difícil, uma índole dócil, versátil e constantemente pronta a girar com a roda caprichosa da fortuna. Pretendendo fornecer um fiel retrato de Catão, o Censor, assim se expressa Tito Lívio: *In illo viro tantum robur corporis et animi fuit, ut quocunque loco natus esset, fortunam sibi facturus videretur.*[115] E ainda acrescenta, com o fito de confirmá-lo, que tinha *versatile ingenium.*[116]

Portanto, aquele que fixar um olhar agudo e atento verá essa fortuna, pois embora possa ela ser cega, não é, contudo, invisível. O caminho que conduz à fortuna é semelhante àquele da Via Láctea: um conjunto de pequenas estrelas, cada uma das quais passaria despercebida se estivesse isolada das demais, mas que se achando juntas, irradiam luz; analogamente, tal caminho consiste em um conjunto de faculdades e de hábitos, de talentos e virtudes apenas perceptíveis.

Entre as qualidades necessárias para se fazer fortuna os italianos indicam algumas incontestáveis. Segundo eles, para que alguém detenha todas as condições necessárias para tanto é indispensável que tenha *un poco di matto*.[117] De fato, há duas qualidades essenciais para progredir na senda da fortuna: a primeira é veia de louco e a segunda é não ser demasiado honesto. Assim observamos que os que se devotam exclusivamente à sua pátria e aos seus senhores muito raramente logram a fortuna, e nem poderiam fazê-lo, pois quando um

113. "Cada um é o artífice de sua fortuna."

114. No original, *desemboltura*.

115. "Havia naquele homem tal fortaleza de corpo e de alma que não importa onde tivesse nascido teria feito fortuna."

116. "Talento versátil."

117. "Um pouco de louco."

homem se distancia de si mesmo ao assestar seus pensamentos, perde o rumo que o conduz ao objeto de seu próprio interesse.

A prosperidade rápida torna o homem presunçoso, ansioso e, lançando mão de uma expressão francesa, *entreprenant* ou *remuant*, ousado ou inquieto. Todavia, uma fortuna adquirida laboriosa e perseverantemente incrementa a habilidade e as boas qualidades humanas.

De nossa parte, a fortuna é merecedora de respeitos e homenagens, ainda que seja somente por consideração a suas duas filhas, a confiança e a reputação, pois tais são os dois efeitos produzidos pelos resultados afortunados, um deles em nós mesmos e o outro nas pessoas com quem vivemos e na sua conduta relativamente a nós.

Os homens prudentes, para se protegerem da inveja a que se expõem em função de seus talentos e virtudes, atribuem o êxito de seus negócios à fortuna e à Providência. Dessa forma desfrutam sua prosperidade melhor, ao que também se acresce que um personagem ilustre proporciona um conceito mais elevado de si próprio quando é capaz de persuadir os demais de que um poder superior vela por seus destinos. Imbuído dessa ideia assim tranquilizou César um piloto durante uma tormenta: *Caesarem portas, et fortunam ejus.*[118]

Do mesmo modo, Sila preferiu a qualificação de *Felix* e não a de *Magnus*.[119] Observa-se também que aqueles que atribuíram abertamente os bons resultados de seus empreendimentos à sua prudência e méritos acabaram na infelicidade, o que se comprova no que sucedeu ao ateniense Timóteo. Numa exposição na qual informava a respeito de suas operações militares ante a assembleia do povo, repetiu muitas vezes estas palavras: *Observai, atenienses, que a fortuna não teve nenhuma participação nisso*, e depois dessa ocasião não pôde realizar com sucesso nenhum dos empreendimentos que tentou.

Entre as pessoas que obtêm resultados positivos há algumas cuja fortuna se assemelha aos versos de Homero, que são mais fluentes e ligeiros do que os dos outros poetas, como o observa Plutarco na vida de Timoleonte ao comparar a fortuna deste com a de Agesilau e Epaminondas.

XLI – Da Usura ou Do Empréstimo a Juros

Muitos são os que têm atacado a usura e os usurários. Que coisa mais odiosa – dizem uns – dar ao diabo o dízimo que pertence a Deus? O usurário – dizem outros – é o mais indigno profanador dos dias de festa e trabalha até no domingo. Alguns acrescentam que a usura é o zangão de que fala Virgílio quando diz: *Ignavum fucos pecus a praesepibus arcent*[120] e que o usurário in-

118. "Confia que transportas César e sua fortuna."

119. *Felix*: afortunado; *Magnus*: grande.

120. "Das colmeias são expulsos os preguiçosos zangãos."

fringe a primeira lei imposta à humanidade após sua queda, a saber: *in sudore vultus tui comedes panem tuum,*[121] não *in sudore vultus alieni.*[122]

Alguns querem ainda que os usurários usem o gorro amarelo posto que o que fazem é judaizar; e que aspirar que dinheiro produza dinheiro é almejar um ganho contrário à natureza.

Limito-me a dizer, acerca de uma questão tão polêmica, que a usura é uma *concessum propter duritiem cordis*[123] e um abuso que é preciso tolerar já que é necessário haver quem empresta e quem toma o empréstimo, e como os homens têm coração tão duro que jamais emprestam sem auferir lucro, só resta dar permissão à prática da usura.

Houve quem concebeu suprir essa necessidade estabelecendo bancos nacionais que, antes de conceder o empréstimo se assegurassem da condição dos bens de quem o solicitasse, prevendo para esse fim meios engenhosos e sutis. Entretanto, poucos foram os que forneceram luzes verdadeiramente úteis no que concerne à questão da usura. É, pois, indispensável apresentar um quadro das vantagens e inconvenientes da usura, de modo a distinguir o bom do mau e buscar o primeiro e remediar o segundo, mas cuidando, sobretudo, de não incorrer equivocamente precisamente naquilo de que queremos nos afastar.

Inconvenientes da Usura

1. Reduz o número dos comerciantes porque se o dinheiro não fosse dissipado nesse ágio vil que o torna estéril, seria investido em mercadorias, dinamizando o comércio, o qual é a principal artéria do corpo político, ou o canal que serve para a importação das riquezas.

2. A usura também empobrece os comerciantes pois assim como um arrendatário fica impossibilitado de obter um produto da terra que lavra quando se vê obrigado a pagar uma locação crescente, um mercador fica também impossibilitado de realizar seu comércio com tranquilidade e lograr tantos rendimentos quando se vê na necessidade de um capital pelo qual tem de pagar juros excessivos.

3. O terceiro inconveniente, que é uma consequência dos dois primeiros, é a diminuição da renda da alfândega, que é paralela ao desenvolvimento do comércio.

4. A usura concentra e acumula os capitais de uma nação nas mãos de um reduzido número de pessoas, isto porque sendo *certos* os ganhos do emprestador e *muito incertos* os do negociante, quer atue com recursos próprios, quer

---

121. "Comerás o pão com o suor de teu rosto", *Gênese* III:19.

122. "Com o suor do rosto alheio."

123. "Uma concessão à dureza do coração (humano)."

atue com recursos oriundos de empréstimo, está claro que, antes ou depois, o resultado do jogo será que todo o dinheiro ficará de posse daquele que maneja os naipes. Além disso, a experiência comprova que um Estado sempre progride mais quando os capitais se encontram mais igualmente distribuídos.

5. A usura provoca a queda do preço das terras e outras propriedades imóveis, pois com frequência quase todo o dinheiro que está sendo empregado no comércio e na indústria ligada à agricultura é desviado pela usura, que atrai para si os capitais.

6. Provoca o desinteresse das pessoas pelo trabalho o debilitar das indústrias e a redução das invenções úteis, pois obstruem os caminhos que o capital seguiria naturalmente rumo à frutificação se não fosse absorvido por esse abismo no qual permanece estagnado.

7. A usura é uma espécie de sanguessuga que chupa continuamente o sangue de uma infinidade de particulares e que acaba por consumi-los, extenuando ao mesmo tempo o Estado.

Vantagens da Usura

1. Ainda que a usura seja prejudicial ao comércio sob um certo ponto de vista, revela-se útil a ele em um outro sentido, pois a maior parte da atividade comercial é realizada por comerciantes novos, que quase sempre precisam emprestar dinheiro a juros, de maneira que se o emprestador retirasse ou retivesse seus capitais, o resultado seria uma paralisação do comércio.

2. Se se subtraísse aos particulares a comodidade de obter dinheiro a juros para fazerem frente às necessidades prementes, não tardariam muito em se verem reduzidos ao maior apuro e obrigados a malbaratar seus bens, tanto móveis quanto imóveis, e por conseguinte, seriam poupados de um mal deplorável para mergulharem em um outro ainda maior, pois se a usura apenas os mina pouco a pouco, o malbaratar de seus bens os arruina de um só golpe.

As hipotecas não remedeiam esse mal, porque aqueles que realizam empréstimos através delas exigem também juros e se não são reembolsados no dia preestabelecido para pagamento, agem com todo o rigor e não hesitam em apoderar-se da propriedade que têm como garantia. Recordo, a propósito, o que dizia a respeito disso um agricultor rico e cheio de cobiça: *Malditos sejam os usurários! Colhem toda a utilidade das hipotecas que tomamos e que escapam do embargo.*

3. Quanto à terceira e última vantagem da usura, diremos que se trata de uma esperança quimérica imaginar eventualmente a possibilidade de haver disposições cujo objeto seja tornar mais frequentes os empréstimos sem juros, e ousar proibir que os emprestadores cobrem juros por seu dinheiro, o que redundaria em uma infinidade de inconvenientes. Assim, que não se cogite em abolir legalmente a usura porque todos os governos a têm tolerado, por vezes fixando o tipo de juro, por vezes adotando outras medidas. Uma tal ideia deve ser sepultada entre as utopias.

Falemos agora de como regular e moderar a usura ou empréstimo a juros, ou do que é o mesmo, dos meios pelos quais se pode evitar seus inconvenientes sem perder suas vantagens. Creio que pela combinação judiciosa de uns e outras não será impossível garantir as principais vantagens. Um desses meios consiste em limar os dentes da usura para que esta não possa morder tanto e outro consiste em proporcionar aos capitalistas facilidade e certezas que os induzam a emprestar seu dinheiro aos negociantes, o que muito contribuiria para o fomento e desenvolvimento do comércio. Esse duplo objetivo só pode lograr-se fixando-se duas taxas diferentes para o juro financeiro, uma mais alta do que a outra, porque se fosse estabelecida apenas uma taxa relativamente baixa, essa disposição aliviaria a situação dos devedores, porém dificultaria muito a descoberta de dinheiro por parte dos comerciantes; ademais, tratando-se da mais lucrativa de todas as atividades, é bastante razoável que esteja submetida a uma taxa mais elevada.

Eis aqui o que convém fazer para que possamos reunir e conciliar todas as vantagens às quais nos referimos: que haja, como dissemos, duas taxas diferentes, uma delas para a usura livre e permitida a todos os cidadãos sem exceção e a outra para a usura permitida apenas somente a certas pessoas e em certos lugares onde ocorra muita atividade comercial. Que a primeira seja de 5% e que se faça pública por meio de um edito e uma declaração na qual fique consignado que os empréstimos com esse juro são livres para todos e, consequentemente, o governo do monarca ou da república se comprometa a não exigir multa alguma daqueles que se satisfaçam com esse benefício.

Desse modo, os empréstimos serão mais fáceis de serem obtidos e representarão um grande alívio para o agricultores que tomam dinheiro emprestado. Essas mesmas disposições muito contribuirão para aumentar o valor relativo das propriedades imóveis rurais, porque a terra adquirida em dezesseis anos produzirá uma renda de 6%, que é mais elevada do que a taxa de juros para empréstimos, que só vai até 5%. Outro efeito dessas medidas será a dinamização e desenvolvimento das demais indústrias e artes, conduzindo ao aprimoramento das coisas úteis, pois então aqueles que dispuserem de recursos, e mormente os habituados a ter grandes ganhos, preferirão empregá-los dessa maneira a fim de obterem um ganho superior ao juro estabelecido pela lei.

Além disso, deverá ser permitido que certas pessoas, como já indicamos, emprestem dinheiro aos comerciantes a um juro mais elevado que aquele fixado pela primeira taxa e sob as seguintes condições:

1. Que o juro, embora para esses mesmos comerciantes aos quais nos referimos, seja um pouco mais baixo do que o que pagavam antes. Graças a essa dupla disposição, todos os devedores, mercadores ou não, gozarão de um certo alívio. Tais empréstimos não serão feitos por meio de bancos nem por qualquer outro sistema de recursos públicos, de modo que cada um terá independência para manusear seu dinheiro sem interferência de ninguém. E que não se creia que digo isso por desaprovar inteiramente os bancos, mas o digo porque é muito difícil que inspirem confiança no público.

2. Que o governo de um sistema monárquico ou de um republicano exija alguma contribuição pelas permissões ou autorizações concedidas e que todo o restante do benefício (ganho) favoreça inteiramente ao emprestador. Se, por um lado, esse direito do Estado onera um pouco o juro, por outro não desestimulará o emprestador porque a pessoa que emprestava antes, por exemplo, a 9 ou 10%, se conformará com 8% de preferência a abandonar a especulação e trocar ganhos seguros por ganhos eventuais.

O número das permissões para efetuar empréstimos não deve ser limitado, porém as permissões devem ser concedidas somente nas cidades onde a atividade comercial é intensa, de modo que os emprestadores fiquem impossibilitados de abusar da autorização para emprestar dinheiro alheio obtido a preço mais baixo; a taxa de 9% fixada para os que disponham de permissões particulares não impedirá os empréstimos verificados com regulamentação à taxa de 5%, visto que ninguém aprecia empregar seu capital muito distante de sua residência e confiá-lo a mãos desconhecidas.

Se me objetarem que o que acabo de dizer autoriza de certo modo a usura e que, além disso, só a permite em certos lugares, responderei que é muito melhor moderá-la tornando-a franca e declarada do que padecer de todos os estragos causados por ela quando é exercida secretamente pelas conivências que a servem.

XLII – Da Juventude e Da Velhice

Um homem pode ser jovem por sua idade e velho pelo bom emprego que tenha feito dos seus anos de vida; mas isso ocorre raramente, pois geralmente a juventude é como os primeiros pensamentos, que são ordinariamente menos sábios do que os que surgem posteriormente, visto que os pensamentos, como os indivíduos, têm também sua juventude.

Naturalmente, a juventude é mais engenhosa do que a velhice e mais fecunda no que tange às concepções sublimes, as quais, por vezes, se assemelham a inspirações divinas.

Os homens que têm uma natureza ígnea agitada com frequência por desejos violentos não adquirem maturidade para agir enquanto não tiverem passado pelo verão de suas vidas. Assim foram Júlio César e Septímio Severo; a *juventude* deste último, segundo os historiadores, *foi repleta de paixões vio-*

lentas e quase furiosas,[124] o que não o impediu de ser depois um dos mais capazes imperadores.

Uma pessoa de índole mais pacífica, mais serena e mais temperada pode destacar-se e realizar proezas desde sua juventude, das quais encontramos exemplos em Augusto, Cosme de Médicis, Gaston de Foix e outros.

Um homem de idade madura que conserva o fogo e a vivacidade da juventude se revela excelente nos negócios. A juventude se presta mais para a invenção do que para as coisas que requerem discernimento e ponderação; se presta mais para a execução do que para as deliberações e também mais para os novos projetos do que para aquilo que já está estabelecido. A experiência das pessoas de idade madura constitui para elas uma diretriz muito segura em todos os casos em que essa experiência se mostra aplicável. Entretanto, nos casos novos costuma iludi-las.

Os erros dos jovens via de regra arruinam os negócios; os erros dos velhos também lhes são nocivos porque muitas vezes deixam de atingir suas metas por não fazerem o suficiente ou por não fazê-lo com presteza. Os jovens se envolvem mais em assuntos que dependem da força de seus braços; sabem produzir movimentos que, posteriormente, não são capazes de deter e voam rumo ao fim sem se deterem na necessidade de ponderar, de escolher, de moderar e de graduar os meios; seguem cegamente um punhado de princípios audaciosos e se precipitam para aquilo que lhes atrai a atenção por sua novidade, o que é a origem de inconvenientes que não sabem prever nem evitar. Tentam os remédios extremados desde o início e o que agrava e aumenta todas as suas faltas é que não querem jamais concorrer e trabalhar no sentido de repará-las, semelhantes a um corcel indômito que se nega a voltar-se e a deter-se.

Os velhos, ao contrário, fazem surgir demasiadas objeções, perdem muito tempo nas deliberações, não são suficientemente ousados, vacilam e se arrependem antes de terem se equivocado, raramente chegam ao fim e se satisfazem quase sempre com resultados incompletos.

Um meio aconselhável do ponto de vista da prudência seria combinar as duas idades; através dessa combinação, as virtudes e os talentos próprios de cada uma delas remediariam de momento os vícios e defeitos característicos da outra e no futuro os jovens teriam aprendido a desempenhar melhor os seus papéis, enquanto os velhos poderiam ser atores. Finalmente, essa judiciosa combinação produziria também outros efeitos positivos, porque se é verdade que a velhice goza de autoridade, não é menos verdade que a juventude inspira maiores simpatias.

---

124. Em latim: *Juventutem egit erroribus, imo furoribus, plenam.*

Nos jovens a moralidade conta com maior estima sem dúvida porque eles não têm, como os velhos, para conservá-la, o recurso da prudência. Um certo rabino se detinha no trecho da Sagrada Escritura onde se lê: *Vossos jovens terão visões, enquanto vossos velhos só terão sonhos*, do que se concluía ser os jovens preferidos por Deus, já que uma visão é uma revelação mais clara e manifesta do que um sonho.

Quanto mais em sua vida um homem bebe do mundo mais intoxica a alma pois a velhice mais serve para aprimorar as faculdades intelectuais do que para corrigir os desejos da vontade. Certos talentos que amadurecem prematuramente perdem com muita rapidez seu vigor, a saber, aqueles que por serem demasiado agudos ou sutis se desgastam facilmente. Tal foi o talento do retórico Hermógenes, que depois de haver escrito obras cujo conteúdo era a reflexão mais sutil, logo caiu em uma espécie de imbecilidade. Também podem ser colocados no mesmo rol aqueles que detêm faculdades e disposições mais propriamente juvenis do que maduras, como a eloquência fácil, copiosa e florida, observação feita por Cícero com respeito ao estilo oratório de Hortêncio: *Idem manebat, neque idem decebat.*[125]

Coisa idêntica se pode dizer daqueles que alçam, inicialmente, um voo mais elevado do que aquele que nos seus anos vindouros poderão manter. Foi o que ocorreu a Cipião, o Africano, de quem diz Tito Lívio: *Ultima primis cedebant.*[126]

XLIII – Da Beleza

A virtude é como um brilhante, o qual é mais atraente quando é montado de maneira mais simples. Destaca-se melhor, inclusive, em uma pessoa que tenha certo ar de dignidade respeitável e não uma beleza afeminada que agrade apenas aos olhos.

É raro pessoas muito belas reunirem méritos excepcionais, parecendo que a natureza, ao constituí-las, cuidou mais em não errar do que em produzir algo excelente, de modo que se apresentam sem exibir faltas graves, mas também destituídas de têmpera, mais dotadas de bons hábitos do que de firmeza em matéria de conduta e virtudes.

Há, contudo, exceções, tais como Augusto, Tito Vespasiano, Felipe IV, o Belo da França, Eduardo IV da Inglaterra, Alcibíades de Atenas, Ismael da Pérsia, todos estes indivíduos dotados de grandes almas e que, ao mesmo tempo, foram os homens mais belos de seu tempo.

Em matéria de beleza, prefere-se a graça das formas ao atrativo da cor e a graça do semblante e dos movimentos de todo o corpo à perfeição das

125. "Era sempre o mesmo, ainda que erroneamente, já que as coisas haviam mudado."

126. "Os derradeiros anos se renderam aos primeiros."

formas, do que resulta que aquilo que há de mais sedutor na beleza a pintura é incapaz de expressar, não estando ao seu alcance transmitir o ar e a animação de uma pessoa viva e nem essa impressão inexplicável produzida pela primeira vista. Não existe pessoa alguma que olhada em sua totalidade seja completamente isenta de defeitos. Seria difícil dizer quem acertou, se Apeles ou Albert Dürer: um quis compor uma beleza ideal com a ajuda de proporções geométricas, ou o outro, que reuniu todas as partes mais perfeitas encontráveis nas diferentes fisionomias.

Penso que tais belezas agradariam apenas ao pintor que as compusesse e creio que jamais pintor algum será capaz de compor um rosto ideal mais belo do que todos os que existem, e se chegasse a conseguir transmitir à tela uma semelhante criação, seria, em todo o caso, devido a uma feliz casualidade (do mesmo modo que o compositor musical que compõe uma excelente ária), sem regra alguma. Compreender-se-á que há muitas fisionomias cujas partes tomadas isoladamente não apresentam perfeição ou formosura alguma, embora o conjunto não deixe de ser agradável.

Se é verdade que a circunstância mais essencial da beleza reside na graça dos movimentos, como afirmamos anteriormente, não deverá nos causar surpresa ver pessoas que em sua idade madura têm aparência agradável: *Pulchrorum autumnus pulcher.*[127]

Não é possível que os jovens observem sempre as conveniências necessárias tão bem como os mais velhos e a graça que neles encontramos em parte se origina do fato de que sua própria juventude lhes serve de escusa. A beleza se assemelha aos primeiros frutos do verão que facilmente se estragam e não duram. Os frutos mais comuns da beleza são a libertinagem na juventude e o arrependimento na velhice. Todavia, quando a beleza é o que deveria ser, faz que os vícios embacem e as virtudes resplandeçam.

XLIV – Da Disformidade

Os indivíduos disformes estão geralmente quites com a natureza: esta os maltratou e eles a maltratam por sua vez. Como diz a própria Escritura, costumam não ter bom caráter. É indiscutível que há correspondência entre o corpo e a alma e quando a natureza falhou em um deles, é presumível que também tenha falhado no outro: *Ubi peccat in uno, periclitatur in altero.*

Entretanto, se o homem tem liberdade para escolher no que concerne à condução de sua mente, não a tem no que tange ao seu corpo, pelo que as estrelas de suas inclinações naturais, por vezes, são eclipsadas pelo sol de sua disciplina e de sua virtude. Por conseguinte, não se deve considerar a disfor-

127. "O outono dos belos persiste sendo belo."

midade um indício seguro de mau caráter, mas somente como uma causa que o produz e que raramente não é seguida de seu efeito.

Qualquer pessoa portadora de um defeito do qual não pode se livrar e que a expõe continuamente ao desprezo dos outros tem nisso apenas um aguilhão que a estimula constantemente a se empenhar no sentido de se livrar desse desprezo. Assim, vemos que as pessoas disformes são, amiúde, muito atrevidas, primeiramente porque sua própria autodefesa o exige e, em segundo lugar, porque o hábito as obriga a sê-lo; e esta mesma causa as torna mais inteligentes e perspicazes para descobrir os defeitos dos outros a fim de se servirem das mesmas armas e recursos contra eles e poder obter sua desforra. Além disso, sua disformidade os põe a salvo da inveja daqueles que têm alguma vantagem natural nesse sentido e que imaginam que sempre estarão em situação de poder desprezá-las; a natural inferioridade das pessoas disformes adormece esses êmulos e rivais, os quais creem ser impossível que tais pessoas possam se elevar até um certo ponto, só se persuadindo do contrário no momento em que as veem ocupando postos eminentes. Assim, a disformidade em um indivíduo detentor de um talento superior constitui um meio excelente para ascensão.

Os reis tinham, em épocas passadas (e ainda hoje em alguns países), grande confiança nos eunucos pelo fato de que indivíduos que estão continuamente expostos ao desprezo geral via de regra se revelam mais fiéis àqueles que representam sua única defesa; que se entenda, entretanto, que essa confiança a eles dispensada se relaciona somente a incumbências secundárias, sendo eles mais considerados como bons espiões e habilidosos farsantes do que como aptos ministros e funcionários.

Por outro lado, e por idênticas razões, pode-se dizer em relação às pessoas disformes que quando têm inteligência e disposição jamais omitem ou desperdiçam qualquer cuidado no sentido de se livrarem do desprezo, ora valendo-se da virtude, ora do vício. Por conseguinte, não deve nos surpreender que indivíduos destituídos de graça e beleza tenham chegado, algumas vezes, a ser grandes homens, como Agesilau, Zerangir, filho de Solimão, Esopo, Huáscar, presidente do Peru, lista à qual poder-se-ia acrescentar Sócrates e alguns outros.

XLV – Das Habitações

Casas foram feitas para nelas se viver e não apenas como objeto de admiração. Assim, se não for possível desfrutarmos conjuntamente de ambas essas coisas, daremos prioridade ao seu uso de preferência a fazermos delas objeto de admiração, relegando aos poetas esses palácios encantados, que os constroem a tão baixo custo com sua imaginação, devotados tão só em servir a beleza mediante esplêndidas construções.

Quem constrói uma bela casa sobre fundações inadequadas condena-se a si mesmo ao aprisionamento, e não tenho como más fundações apenas o sítio de ar insalubre, mas também o lugar onde o ar é muito irregular, como sucede com esses pequenos montes, aparentemente apropriados, mas circundados por outros mais elevados, entre eles ficando encerrado o calor do sol e o vento detido como em uma ribanceira, diante do que ocorrerão bruscas mudanças de temperatura, como se morássemos em lugares diversos.

Também contribuem para piorar a localização das casas, além do aspecto da temperatura, as más vias de comunicação, as redondezas insalubres e, se levarmos em conta Momo,[128] os maus vizinhos. Contudo, visando a citar apenas alguns dos inconvenientes mais graves, indicarei a escassez de água, de madeira, de sombra e de lugares abrigados; a infecundidade da terra, a mistura de solos diversos e a ausência de perspectiva de terrenos planos e a proximidade de campos onde se possa praticar esportes como a caça, a falcoaria e as corridas de cavalos. É importante não estar nem demasiado próximos do mar e nem dele demasiado distantes. Que possamos tirar proveito dos rios navegáveis sem sermos afetados por suas inundações; que não fiquemos distantes demais das grandes cidades, pois isso debilitará nossos negócios, e nem próximos demais, o que complicaria e encareceria o bom abastecimento de nosso lar; em outras palavras, que nos instalemos onde possamos contar com todo o necessário para viver e onde, ao mesmo tempo, possamos evitar sermos pródigos conosco mesmos.

Embora seja quase impossível encontrar reunido tudo isso que apontamos, convém disso estar ciente e levando-o em conta concentrarmos disso o máximo e o melhor que pudermos e, no caso de alguém que possui duas casas, que as supra de tal modo que possa encontrar em uma aquilo de que carece na outra. Assim respondia Lúculo a Pompeu ao lhe mostrar as imponentes galerias e salões inundados de luz e ar de uma de suas casas, ao que Pompeu objetou: *É, por certo, um excelente lugar para o verão, porém como nele viverás no inverno?* A resposta de Lúculo foi a seguinte: *Porventura não me julgas tão sábio quanto as aves que todos os anos, ao chegar o inverno, mudam de residência?*

Passemos da localização e fundações da casa para a própria casa, fazendo como Cícero quando escreveu seu livro *De oratore* e que intitulou uma de sua partes *O orador*, tratando nas primeiras dos princípios gerais da oratória e nas segundas de sua perfeição. Descreveremos, portanto, ainda que não passe de um breve esboço, o palácio de um príncipe, pois provoca estranheza que nesses palácios esplêndidos que se veem atualmente na Europa, como os do Vaticano, do Escorial e outros, haja apenas uma habitação confortável em to-

128. Na mitologia grega, considerado o deus do sarcasmo, das críticas maliciosas.

dos eles. Comecemos por dizer que não se terá um palácio perfeito se não for composto de dois corpos: um para os banquetes, como se diz no livro de Ester, e outro para a moradia; um para as recepções, festas, jantares e bailes, o outro para a vida familiar. Sou do entender de que esses dois corpos não devem se limitar a ser duas alas, como também partes frontais, mantendo uniformidade externamente, ainda que divididos de maneira muito diferente internamente. Que ocupem ambos os lados da torre grandiosa e magnífica, que se elevará na parte mediana da fachada e que, por assim dizer, alcançará cada um dos dois corpos com uma mão.

No corpo dos banquetes, na parte frontal e no piso principal eu colocaria um salão de uns quarenta pés de altura e sob ele acomodações que servissem de vestuário e locais de preparo do necessário às festas e recepções. O outro corpo, o da moradia, seria dividido à entrada em um vestíbulo e em uma capela amplos e confortáveis (com uma divisão entre eles), contando-se, assim, com um lugar apropriadíssimo para palrar tanto no inverno quanto no verão.

Sob essas acomodações, no sótão, instalaria uma adega ampla e bem equipada, e junto a ela a despensa, a queijaria, o compartimento para os frios etc. e uma pequena cozinha reservada.

Identicamente à torre, faria construir sobre cada ala dois pisos de dezoito pés de altura cada um e sobre todo esse conjunto uma bela cornija adornada com estátuas distribuídas ao longo dela; a própria torre seria dividida em acomodações da maneira que fosse mais conveniente.

As escadas pelas quais se sobe às acomodações superiores devem abrir-se sobre um amplo vão e em torno de pilares artísticos adornados com imagens de madeira patinadas de bronze. As escadas devem dispor de um bom patamar no seu lanço superior, não sendo de modo algum recomendável instalar abaixo o refeitório dos criados, pois se estes fizerem suas refeições depois das de seu senhor, este receberá os vapores e exalações, que ascenderão pela vão da escada como por um túnel.

Observações semelhantes são aplicáveis à parte frontal do edifício, cuidando que o primeiro lance de escadas tenha dezesseis pés de altura, que é a altura da habitação interior.

Por trás dessa parte frontal haverá um belo pátio, devendo os edifícios das outras três faces laterais ser bem mais baixos do que o frontal. Nos quatro cantos haverá quatro escadas artísticas rematadas por pequenas torres e que se salientarão da linha das edificações. Essas torres jamais alcançarão a altura da construção frontal, mas serão mais proporcionais aos edifícios mais baixos que formam as outras três faces.

Esse pátio não deve ser totalmente ladrilhado, o que acarretaria muito calor no verão e muito frio no inverno, sendo preferível passeios laterais e em cruz, deixando os trechos intermediários para plantar relva, a qual deverá ser mantida curta, embora não excessivamente desbastada.

A fachada de retorno pela ala de festas deverá ser constituída inteiramente por uma imponente galeria, na qual haverá três, ou mesmo cinco belas rotundas divididas à igual distância ao longo dela, adornando a galeria e as rotundas com ricos vitrais dotados de desenhos artísticos e policrômicos. Em contrapartida, a ala destinada à moradia contará com acomodações para recepção, conversas e entretenimento diários, assim como os necessários dormitórios, cuidando que suas três faces laterais constituam uma única habitação familiar que disponha de luz direta de todas as partes, possibilitando tomar-se sol tanto de manhã quanto de tarde. É preciso também providenciar para que haja habitações sombreadas para o verão e outras ensolaradas para o inverno, e que não haja tantas janelas grandes, não havendo uma única apropriada junto à qual se possa ficar ao abrigo do calor intenso gerado pelos raios solares [no verão e do frio produzido pelo vento no inverno].

Quanto às sacadas e pavilhões, que deverão se adaptar nas cidades naturalmente aos padrões das ruas para as quais deem, considero-os sumamente adequados às conversas reservadas e para tomar sol e ar confortavelmente, o que, por causar transtornos no interior da habitação, não deve ultrapassar as sacadas. Não devem, entretanto, ser em número excessivo, não indo além de quatro em cada lado do pátio.

Além desse pátio, haverá outro interno, com as mesmas dimensões, e que será circundado de todos os lados por jardim e adornado em sua fachada interna com arcos que atingirão a altura do primeiro piso. Sob o piso e comunicando-se com o jardim, se deverá construir uma gruta ou lugar com sombra, o que se revelará agradabilíssimo durante o verão. As janelas e as sacadas devem dar exclusivamente para o jardim e não ficar ao nível do piso e, tampouco, ter sótãos abaixo, de modo a evitar toda espécie de umidade.

Que haja uma fonte ou algumas estátuas apropriadas em meio a esse pátio e que seja provido de passeios laterais e relva como o outro. Os prédios junto a ele terão a função de moradias em suas duas faces e ao final deles haverá galerias, também privadas. Não se deverá esquecer de construir aqui uma habitação destinada a uma enfermaria, com antecâmara, câmara e acomodação reservada, para atender ao caso de o príncipe ou alguma personagem importante adoecer.

Tudo isso ocuparia o segundo piso, enquanto que no piso inferior haveria uma galeria aberta sustentada por duas colunas e outra análoga no terceiro, também sobre colunas, nas quais se aproveitaria bem tanto a vista quanto o frescor do jardim. Em ambos os cantos do lado mais próximo seriam construídos dois gabinetes mobiliados segundo fino gosto, providos ricamente de obras de arte, adornos, cristaleiras e encimados por belas cúpulas. Também seria do meu agrado que houvesse na galeria superior, se o espaço o permitisse, algumas fontes encostadas aos diversos vãos dos muros e com orifícios de saída ao mesmo tempo elegantes e invisíveis.

E restaria agora apenas acrescentar a esse esboço de palácio, que necessitava antes chegar ao frontispício, três pátios: um totalmente plantado de relva e cercado por um muro, um outro mais adornado, dotado de pequenas torres e outras figuras sobre as paredes, e o terceiro, cujo principal lado será formado pela fachada do palácio, e que não comportará outra edificação e tampouco apresentará suas paredes nuas, mas sim formará em seus três lados terraços recobertos e belamente adornados, que serão sustentados por colunas em lugar de arcos.

Quanto às cozinhas e quartos dos servos, que fiquem distantes e se comuniquem com o pátio por meio de galerias subterrâneas.

XLVI – Dos Jardins

O primeiro jardim existente no mundo foi plantado por Deus. Os jardins proporcionam aos seres humanos os mais puros prazeres além do melhor refrigério ao espírito humano; sem eles, os edifícios e os palácios não passam de grandes obras mecânicas da arte. Vale a pena registrar que nos séculos que realizaram maiores progressos em termos de civilização e esplendor, os homens construíram imponentes edifícios antes de jardins elegantes e agradáveis, como se os jardins fossem perfeição maior do que a arquitetura.

Eu desejaria que a cada mês do ano os jardins reais surgissem renovados, isto é, que neles fossem semeadas alternadamente todas as plantas de acordo com a época em que brotam e florescem. Para dezembro e janeiro e fim de novembro, seriam escolhidas as plantas que estão em pleno vigor durante o inverno, tais como o azevinho, a hera, o loureiro, o zimbro, o cipreste, o teixo, o buxo, o pinheiro, o abeto, o alecrim, a alfazema, a pervinca de flor branca, purpurina e azulada, o camédrio e o lírio-roxo, as laranjeiras, os limoeiros e as mirtáceas, que se conservarão em estufas, a manjerona, a ser plantada próxima de um muro que se mira ao meio-dia.

Posteriormente, para o fim de janeiro e o mês de fevereiro, se deveria procurar a camélia da Alemanha, a qual floresce em tal época, o açafrão da primavera de flor amarela e azulada, as prímulas, as anêmonas, a tulipa temporã, o jacinto das Índias e a fritilária.

Para março poder-se-ia ter todo tipo de violetas, especialmente as simples de cor púrpura, que são as mais temporãs, o narciso falso amarelo, as margaridas e a amendoeira que então floresce, o pessegueiro e o sanguinho, que também estão no florescimento, e a roseira-brava aromática.

Em abril, a violeta branca, a parietária amarela, o cravo, a relva, as íris, todas as espécies de lírios, o alecrim, a tulipa, a peônia dupla, o narciso silvestre, a madressilva, a ginjeira, a pereira e as ameixeiras de diversas espécies que se cobrem então de flor, e o acanto e os lilases que começam abrir suas folhas.

Para maio e junho deverão ser procurados os muitos tipos de craveiros e roseiras, à exceção dos que são mais tardios, o morangueiro, o espinheiro-branco, a aquileia, a língua-de-vaca, a cerejeira que dá frutos nessa ocasião, a groselheira, a bebereira, o framboseiro, as videiras, a alfazema, o satirião de flor branca, o lírio-do-vale, a macieira e a erva bolbosa.

Para julho o cravo-da-índia de diversos tipos, as mosquetas, a tília em flor, as pereiras, as macieiras e as ameixeiras temporãs.

No mês de agosto haverá ameixas de todos os gêneros, peras, damascos, avelãs, grandes melões, esporas de todas as cores ou consoldas reais.

Em setembro teremos uvas, maçãs, papoulas de todas as cores, pêssegos, damascos, figos, nectarinas e peras do inverno ou marmelos.

Para outubro e princípio de novembro, poder-se-á contar com sorvas, nespereiras, ameixas silvestres, rosas tardias, malva-rosas e outras plantas semelhantes. O que acabo de elencar convém ao clima londrino, porém minha intenção é que a minha ideia seja adotada, de sorte que possa haver em todos os lugares uma primavera eterna (*ver perpetuum*), segundo o permita a natureza do lugar.

É certamente mais agradável respirar o aroma das flores, o qual se derrama no ar e nele ondula como a harmonia da música, do que arrancá-las de seu talo. Nada contribui tanto para o prazer que experimentamos com seu perfume quanto o conhecer as flores e as plantas desde que brotaram até quando, já desenvolvidas, exalam no ar seu hálito delicioso.

As rosas amarelas, bem como as anãs vermelhas, não proporcionam aroma algum enquanto crescem; nem mesmo caminhando-se próximo a uma estacada delas nas primeiras horas matutinas se perceberá qualquer aroma. O loureiro tampouco mal exala algum perfume enquanto cresce, podendo-se dizer o mesmo do alecrim e da manjerona. Em contrapartida, a violeta enche o ar no período de seu desenvolvimento de um perfume muito suave, sobretudo a violeta branca de flores duplas, que floresce duas vezes por ano, uma vez em meados de abril e outra em fins de agosto. Imediatamente depois dela vem a rosa espumosa; em seguida as folhas do morangueiro, que quando começam a murchar produzem um perfume tão suave a ponto de ser capaz de dilatar e consolar o coração; em seguida contam-se as flores da videira, recentemente descobertas, que se encontram nos cachos e que se assemelham àquelas que vemos no caule da tanchagem; a roseira-brava aromática, a parietária amarela que exala um aroma agradabilíssimo quando é colocada perto das janelas de um salão ou de uma alcova, exposta ao meio-dia; os cravos, tanto grandes quanto pequenos, a flor de tília, as de madressilva que alçam à grande altura e, finalmente, as flores da alfazema. Não me refiro à flor da fava porque é bucólica. Há ainda três plantas que esparramam no ar um aroma agradabilíssimo: a pimpinela, o serpão e a menta aquática. Destas deverão haver muitas nas alamedas para que o ambiente fique saturado com seu perfume.

Quanto à extensão dos jardins (e que se tenha em mente que me refiro aos jardins reais, tal como fiz em relação aos edifícios), deverão ocupar não menos do que trinta jeiras, e será conveniente que sejam divididas em três partes: uma à entrada coberta de relva, outra à saída onde ficarão os viveiros e a terceira, situada no meio, que constituirá o jardim principal em cujos lados deverão se formar alamedas. Eu destinaria quatro jeiras para o relvado, seis para os viveiros, oito para as alamedas ou vias laterais e doze para a instalação do corpo principal do jardim. A relva deve ser plantada por duas razões: em primeiro lugar porque delicia os olhos, nada havendo que os encante tanto como uma relva bem aparada e sempre verde; em segundo lugar, porque a parte destinada a esse fim serve para franquear uma entrada que conduza a uma magnífica fileira de árvores que circundará o jardim. Visto que o caminho será longo e como, além disso, nas horas de muito calor a sombra se projetará somente nas alamedas, será conveniente construir por meio da relva passadiços cobertos de doze pés de altura, os quais possibilitarão o ingresso no jardim através de uma sombra contínua.

A forma quadrada é a mais conveniente para os jardins: uma espessa sebe, elegante e bastante arqueada deve circundar os quatro lados do jardim. Será conveniente que sejam erguidos arcos sobre pilastras formando um gradeamento; que tenham dez pés de altura por seis de largura e que os espaços intermediários entre as pilastras sejam da mesma dimensão da largura do arco. Que a sebe seja quatro pés mais alta do que os arcos e que não deixe de formar gradeamento; que na parte superior de cada arco seja construída uma pequena torre suficientemente espaçosa que comporte uma gaiola ou um aviário; e, finalmente, que sejam instaladas nos interstícios algumas figuras de pequenas proporções e cobertas de cristais, onde se refletirão e se decomporão em cores variadas e brilhantes os raios do sol.

Parece-me que o plantio da sebe por mim indicada deverá ser feito sobre uma saliência ou pequeno monte ligeiramente inclinado, de seis pés de altura e completamente coberto de flores. Também desejaria que o quadrado do jardim não ocupasse toda a extensão do terreno, sendo conveniente deixar bastante espaço para a construção de vários passadiços nos dois lados, nos quais viriam terminar as avenidas cobertas de relva de que falei antes; a despeito disso, à entrada e à saída do jardim providências deverão ser tomadas para que tais passadiços se unam à alameda da sebe; à entrada, para que com a relva não se perca a bela vista exibida pela alameda; à saída para não obstruir a vista dos viveiros através dos arcos.

Quanto à disposição do terreno encerrado na grande sebe de que falamos pode variar conforme o gosto de cada um e tudo que ouso exigir é que, qualquer que seja a distribuição feita, não se ponha esmero excessivo em coisas que envolvem exclusivamente a curiosidade e a paciência. De minha parte, não aprecio as figuras talhadas no zimbro ou em qualquer outro arbusto, para mim não passando de verdadeiras ninharias, mais próprias às crianças do que aos homens adultos; todavia, acho admissíveis pequenas fileiras de cerca viva baixas e arredondadas em forma de orla, com pirâmides pouco elevadas. Admitiria também colunas e altas pirâmides em forma de gradeamento, distribuídas em diferentes sítios e também cobertas da planta anteriormente mencionada.

As avenidas devem ser, na minha opinião, grandes e espaçosas; os passadiços estreitos e cobertos se revelam convenientes para as laterais, mas deverão ser independentes do corpo do jardim. Aconselharia também que no centro houvesse uma pequena elevação ao topo da qual se poderia subir através de três escadarias e três caminhos suficientemente largos para que quatro pessoas pudessem caminhar por eles frontalmente, procurando-se conseguir que esses caminhos tendessem a formar um círculo perfeito e sem qualquer aparência de fortificação. A altura da elevação deverá ser de trinta pés, construindo-se na cúspide um elegante pavilhão guarnecido com chaminés ordenadas com bom gosto e providas de pouca quantidade de cristais.

Falemos agora das fontes, as quais proporcionam ao mesmo tempo beleza e frescor. Não devem ser construídos lagos artificiais nem viveiros, que tornam o ar insalubre e o saturam de insetos e o ambiente de rãs e outros animais indesejáveis ou imundos. Eis para mim as fontes aceitáveis: as com água continuamente corrente e fontes que seriam, a rigor, receptáculos de água limpa, formando um quadrado de trinta ou quarenta pés, onde jamais se lançassem peixes a fim de evitar a formação de lodo. Relativamente às primeiras, os adornos dourados e de mármore atualmente usados me parecem adequados, mas é mister cuidar para que haja fluxo contínuo da água, de modo a não ser este nunca interrompido nem na pia nem na cisterna, sendo mister também que ao mesmo tempo o estancamento não a faça perder sua cor, tornando-a umas vezes verde e outras avermelhada e que não surja musgo e exalação de maus odores. Para a sua conservação, as fontes deverão ser limpas manualmente todos os dias. Será conveniente também circundá-las de alguns degraus para a elas ter acesso e cercá-las de um parapeito elegante.

O segundo tipo de fontes, ao qual pode se dar o nome de *piscina*, admite muitos objetos de adorno e que despertem curiosidade nos quais não nos deteremos: por exemplo, o fundo, bem como as laterais, poderão ser decorados com peças distintas, distribuindo-se em todas as direções alguns vidros de cores variadas e outros corpos lisos e brilhantes que espalhem claridade com seu resplendor; também poderá ser colocado às bordas um círculo de estátuas de modestas proporções. Contudo, o importante, conforme já afirmamos ao nos referir ao outro tipo de fontes, é dispor do fluxo contínuo da água, para o que será necessário efetuar a sua renovação por meio de um receptáculo posicionado a uma altura superior, possibilitando a condução da água por tubos subterrâneos de idêntica dimensão entre si, a fim de que o fluxo contínuo não sofra interrupção alguma.

Se fosse necessário dizer o que penso de coisas que envolvem pura curiosidade, tais como arquear a água sem que respingue, fazê-la erguer-se sob formas variadas (de plumas, taças de cristal, pálios, sinos e outras) e se me visse obrigado a falar de rochas artificiais e outros adornos deste gênero, diria que se trata de coisas que podem agradar a vista, mas que em nada contribuem para a salubridade e o verdadeiro encanto dos jardins.

Gostaria que o bosque, o qual consideramos como a terceira parte do jardim, representasse na medida do possível a imagem de uma selva natural. Nele não deveria existir uma única árvore plantada segundo uma determinada ordem, à exceção das fileiras daquelas que aconselhei fossem posicionadas em certos pontos, de modo a formar uma rua ou avenida abrigada pelos ramos e folhagens, interrompida em várias partes por grandes aberturas. Em alguns pontos, essa rua poderá receber os raios do sol e deverá contar com copiosas flores de muito perfume, de sorte que ao caminhar por ela se respire um ar aromatizado; além disso, desejaria que houvesse no bosque algumas paragens descobertas e despojadas de árvores. Também seria meu desejo que o bosque fosse cortado em diversos pontos por moitas de roseira-brava aromática, de madressilvas e vinha silvestre; porém, a preferência deve recair especialmente na opção por cobrir o terreno em todas as partes de violetas e se deve dar ainda mais preferência aos morangueiros e prímulas porque essas plantas exalam um aroma delicioso e se desenvolvem muito bem à sombra.

Quanto às moitas e às fileiras de árvores, acreditamos que o que deve indicar os lugares onde colocá-las seja o bom gosto e não a simetria. Também aprovo esses montículos, semelhantes aos montes de terra formados pelas toupeiras nos lugares que habitam e opino que uns deverão receber sementes de serpilho, craveiros pequenos e de camédrios, cujas flores são belíssimas, bem como de vincapervinca, violeta e morangueiro; outros de margaridas, de rosas encarnadas, de lírios-dos-vales, do heléboro, da flor de púrpura e de todas as belas plantas que exalem um perfume suave e agradável. Deverá haver também alguns arbustos na parte superior desses montículos, tais como a roseira, o zimbro, o azevinho, o espinheiro (que deverá ser em quantidade inferior aos outros devido à força de seu perfume quando floresce), a groselheira de fruto encarnado, a acácia, o alecrim, o loureiro, a roseira-brava aromática etc. É indispensável a poda desses arbustos de modo a não atingirem tamanho excessivo.

Resta-nos distribuir o terreno lateralmente em passadiços particulares que disponham de sombra durante todas as horas do dia. É necessário posicionar alguns ao abrigo da violência dos ventos, de maneira a ser possível caminhar por eles como se fora por um pórtico. Para que essa meta possa ser atingida, devem ter suas extremidades fechadas e o solo deverá ser coberto de areia em lugar de relva, de modo a se poder andar por eles sem absorver umidade. Dos lados da maior parte desses passadiços deverão ser colocadas árvores frutíferas de diversas espécies, distribuídas de forma conveniente. É necessário observar que a ligeira elevação de terreno onde serão plantadas as árvores frutíferas deve ser larga e quase plana, de suave aclive; aí poderão também estar algumas plantas de flores aromáticas, ainda que em pequena quantidade, de sorte a não subtraírem a substância que deverá sustentar as árvores. Nas extremidades do terreno lateral produziriam uma belíssima vista algumas pequenas elevações, das quais poder-se-ia contemplar as imediações.

Voltando ao corpo principal do jardim, não me oporia a que fossem construídas nele algumas vias ou avenidas amplas com árvores frutíferas plantadas lateralmente e ainda admitiria que de trechos a trechos se colocassem alguns troncos dessas árvores, não me parecendo tampouco inconveniente alguns emparreirados com assentos e distribuídos de maneira ordenada e elegante; porém, tudo isso deveria ser de uma maneira profusa e compacta, visto que o jardim deve apresentar-se descoberto para que o ar circule livremente. Parece-me, finalmente, que quando passearmos durante as horas quentes do dia, se deverá buscar a sombra das vias laterais, isto porque o jardim deve servir somente para as estações mais temperadas do ano, não sendo recomendável frequentá-lo no verão a não ser nas manhãs, nas tardes e nos dias nublados.

Os aviários não me agradam, a menos que sejam suficientemente grandes para termos o solo coberto de relva e ainda alguns arbustos em plena vegetação: desse modo as aves poderão voar com maior liberdade, terão mais independência para construir seus ninhos e não haverá nenhuma sujeira no solo dos aviários.

Fizemos o esboço de um jardim real, acatando em parte preceitos estabelecidos por nós e em parte uma medida, a um tempo geral e variável. Em nada consideramos a parcimônia, tendo que nos defrontar com a escassez, por receio dos gastos ocasionados pela construção de tal jardim, porque isso carece de importância para os príncipes que, segundo podemos observar na nossa época, passam a maior parte do tempo em seus jardins e consomem somas consideráveis para neles reunir os objetos mais extravagantes: acumulam estátuas e outras obras artísticas, muito apropriadas à pompa e ao fausto, porém inteiramente inúteis no tocante à verdadeira amenidade dos jardins.

XLVII – Das Negociações

Em geral, é melhor tratar verbalmente do que por meio de cartas, e também melhor valendo-se de uma terceira pessoa em lugar de tratar diretamente por si mesmo. A correspondência é positiva no caso de desejar-se ter uma resposta escrita, quando se tem o objetivo de apresentá-la posteriormente a título de justificativa própria ou, enfim, quando se receia ser ouvido ou interrompido por alguém.

É bom tratar pessoalmente quando o aspecto de quem trata inspira respeito, como ocorre geralmente ao se dirigir aos inferiores, ou nos casos delicados nos quais a fisionomia daquele com quem se fala pode nos indicar o modo mais acertado de agir ou quando quer-se reservar a liberdade de se retratar do que se tenha dado a entender ou de interpretá-lo de uma certa forma.

Se a negociação é feita com o auxílio de um terceiro, convém escolher uma pessoa de caráter reto e de mente comum, que seguirá exatamente as ordens recebidas e reportará fielmente tudo que haja visto ou ouvido, não sendo conveniente escolher um desses homens astutos que, quando se intrometem nos assuntos alheios, sabem como apropriar-se da honra ou do proveito que proporcionam e que ao transmitirem uma resposta acrescem o que lhes parece útil para vos contentar e fazer valer sua habilidade. É preciso também ter cuidado para escolher de preferência pessoas que anelem o bom resultado do negócio que lhes é confiado; esse anelo as torna mais atuantes e mais perspicazes; que se dê preferência de fato aos indivíduos cujo temperamento e caráter sejam adequados aos assuntos dos quais terão de cuidar, por exemplo, um homem audaz será adequado para as reclamações e reprovações; um homem insinuante para os assuntos que requerem persuasão; um homem de mente perspicaz será adequado para observar e fazer indagações e, finalmente, um homem áspero para um assunto que tenha algo de arbitrário.

Devem ser empregados, de preferência, aqueles que já tenham se saído bem em negócios anteriores dos quais foram incumbidos, visto que terão maior confiança em sua própria habilidade e darão o máximo de si mesmos para manter a boa imagem acerca de sua capacidade granjeada pelos seus primeiros trabalhos.

É mais conveniente sondar pouco a pouco a pessoa com quem se vai encetar um negócio do que ir direto à matéria, a menos que se tenha o intuito de surpreendê-la com uma questão imprevista. Do mesmo modo, é mais conveniente entender-se com os que não têm ainda suas aspirações satisfeitas do que com aqueles que já obtiveram o que desejavam e estão satisfeitos com sua situação.

Se um homem trata com outro determinadas condições, a aceitação da primeira proposta é o fundamental: vantagem à qual somente poderá plausivelmente aspirar se o assunto for de tal natureza que permita que sua exigência seja a primeira a ser atendida, ou se tiver a habilidade de persuadir o outro de que no seu turno experimentará a mesma necessidade, e se tal pessoa tiver inteira confiança em sua probidade.

O objeto de todas as transações e negociações é a descoberta ou obtenção de alguma coisa. Os homens descobrem os próprios desígnios pela confiança, pela cólera, pela surpresa ou pela necessidade, ou seja, quando não são capazes de encontrar pretextos para caminhar rumo aos seus fins sem se descobrirem e se deixarem compreender.

Para dominar um homem, é preciso conhecer seu caráter e seus gostos; para o persuadir é preciso saber quais são os seus fins e para intimidá-lo é preciso conhecer suas fraquezas e desvantagens ou conquistar as pessoas que exercem maior influência sobre ele. Quando se trata com pessoas sagazes e artificiosas é necessário, se quisermos penetrar o verdadeiro sentido do que dizem, ter o olhar fixo no objeto por elas proposto; convém falar muito pouco com elas e dizer-lhes o que menos esperam. Em todos os assuntos um tanto difíceis, é mister não querer semear e colher ao mesmo tempo, devendo-se ter o cuidado de fazer uma preparação dos negócios e conduzi-los gradativamente ao seu ponto de amadurecimento.

XLVIII – Dos Seguidores e Amigos

Seguidores muito dispendiosos não são bem-vindos porque tornam nossa cauda demasiado longa e nossas asas demasiado curtas. Estes são não só os que nos envolvem em grandes gastos, como também os que com suas frequentes exigências nos geram sacrifícios consideráveis.

De ordinário, o que os seguidores podem pedir aos seus protetores é apoio, recomendação e defesa contra os ultrajes. Os piores são os seguidores de temperamento inquieto e turbulento, que não se aproximam de nós por apego, mas sim por ódio que dirigem a uma outra pessoa que tenha neles produzido ressentimento: eis uma das principais causas do desentendimento que é dominante entre os grandes. Também são inconvenientes os seguidores vaidosos que louvam em altas vozes os seus protetores, convertendo-se nas trombetas de sua fama: desagregam todos os assuntos com suas indiscrições e em troca da honra que recebem de um homem trazem para ele uma multidão de invejosos.

Há uma outra espécie de seguidores ou protegidos ainda mais perigosa, a qual é formada por certos homens excessivamente curiosos que podem ser considerados como verdadeiros espiões, continuamente em busca de oportunidades de penetrar os segredos de uma casa para levá-los em seguida à outra. Geralmente são favorecidos porque parecem serviçais e são intrigantes.

Que os subordinados se apeguem aos seus superiores da mesma profissão, como, por exemplo, os soldados aos oficiais e estes aos generais cujas ordens cumprem, é uma conduta louvável e geralmente aprovada, mesmo nas monarquias, desde que se não o faça com excesso de pompa e popularidade.

A forma mais honrosa e mais justa de ter seguidores consiste em proteger e honrar os homens de virtude e mérito, não importa a que classe e condição pertençam. Todavia, quando a diferença não é muito perceptível, é mais proveitoso auxiliar homens possuidores de um mérito não muito mais elevado do que o geral, de preferência a homens de mérito superior; e se nos competir dizer cabalmente a verdade, acrescentaremos que em épocas de corrupção, um homem diligente presta melhores serviços do que um homem virtuoso.

No governo de um Estado convém que o tratamento habitual seja quase igual para todas as pessoas de uma mesma categoria, porque se a umas conceder-se favoritismo, isto as torna insolentes e desgosta as demais. Ao dispensar-se graças e favores é preciso agir com prudência e discernimento, o que torna mais gratas as pessoas beneficiadas e serve de estímulo proveitoso às outras – porque, segundo o que acabamos de indicar – o que se faz é um favor e não o pagamento por algo que se devia.

É mister, contudo, não favorecer muito a um mesmo indivíduo porque seria impossível prosseguir fazendo tal coisa em idêntica proporção.

Não é seguro deixar-se governar (como costumamos expressá-lo) por uma só pessoa pois isso, além de ser um indício de debilidade, dá ensejo ao escândalo e aos mexericos, porque aquele que não se atreve a nos censurar diretamente não deixará de fazê-lo com nossos superiores, prejudicando desse modo a nossa reputação. Mas apesar do que dissemos, é ainda mais perigoso ouvir e seguir os conselhos de várias pessoas ao mesmo tempo. Aquele que não previne isso com cuidado acaba se tornando inconstante e adquire o hábito de seguir o parecer do último que chega. Aconselhar-se com um pequeno número de amigos constitui uma conduta muito judiciosa e prudente *porque os que observam o jogo veem mais do que os que estão jogando e o vale dá maior destaque à colina.* A verdadeira amizade é muito rara no mundo, mormente entre os iguais e por isso, sem dúvida, tem sido a mais celebrada. Se tal amizade sublime existir, é somente entre o superior e o inferior porque a fortuna de um depende do outro.

XLIX – Dos Procuradores

Há muitas reivindicações e projetos injustos e amiúde o interesse dos particulares prejudica os interesses públicos.

Muitas coisas, boas em si mesmas, são empreendidas com má intenção e não apenas com propósitos iníquos relativamente ao objeto, como também com má-fé no tocante ao resultado e há até mesmo aquelas que são instauradas sem o menor desejo de lhes dar fim. Existem muitas pessoas que se encarregam de nossas reivindicações e prometem nos servir com zelo e diligência sem, no entanto, se empenharem em cumprir o prometido. Contudo, uma vez que tenham se apercebido do desfecho próximo do assunto graças à mediação de outra pessoa, desejam participar do resultado, postando-se em uma segunda posição das pessoas a quem temos de recompensar. Enquanto o assunto estiver pendente, tirarão partido das esperanças do interessado.

Outros se encarregam dos negócios com o único objetivo de subtraí-los dos outros ou para se inteirarem de algo que tão só por esse meio poderiam vir a saber, sem se preocuparem com o futuro do negócio, visando exclusivamente ao seu interesse particular; ou ainda se valem dos assuntos alheios para realizar os próprios e como meio de atingir a meta que se propõem. Também são encontrados indivíduos que se prestam a mover processos em nome de outros com o intuito premeditado de fazê-los fracassar, com a finalidade de servir ou favorecer desse modo aquele que figura como parte contrária, competidor ou inimigo declarado.

Em toda petição há sempre um direito de equidade se tratar-se de petição de justiça e um direito de mérito tratando-se de um pedido de alguma graça. No primeiro caso, se vossa intenção é favorecer a parte culpável, vosso prestígio será empregado mais para transigir do que para ganhar a causa. No segundo caso, se vos inclinais para quem tem menos merecimentos, convém que, pelo menos, vos abstenhais de censurar o mais digno. Quando desconhecerdes a razão de certas petições, valei-vos de algum amigo inteligente e leal que vos instrua com base em seu senso quanto ao que podeis fazer se lesar a honra; porém, neste caso são indispensáveis muita prudência e grande discernimento quanto à eleição de um amigo que mereça tal confiança, pois de outro modo correríeis o perigo de serdes ludibriados descaradamente.

Atualmente, os litigantes estão tão desgostosos devido às demoras e adiamentos intermináveis que uma conduta franca e aberta, seja recusando pura e simplesmente o encargo dos negócios, seja prevendo a improbabilidade do êxito da causa, seja declarando sem enganos ou subterfúgios o estado em que se encontram, não solicitando aos interessados maior paga do que a verdadeiramente justa, se tornou uma sinceridade não só louvável e equitativa como também muito do agrado dos interessados, que graças a ela são beneficiados por um verdadeiro serviço.

A diligência daquele cuja petição de favores se antecipa às de todos os outros não será motivo suficiente para preferi-lo, porém se de suas palavras são extraídas luzes que não puderam ser obtidas de algum outro, não haverá razão para se predispor contra ele e se deverá se considerar justo tirar partido de seus meios, e ainda se deverá levar em conta sua atividade e os conhecimentos que tenha proporcionado. Desconhecer o valor do que se pede é indício de inexperiência e imperícia, tal como não distinguir a justiça da injustiça é prova de uma consciência falha.

O segredo em torno das petições que se quer fazer constitui um dos meios mais seguros para atingir seu objetivo, porque ainda que se possa desencorajar algum dos competidores ao fazer conhecer as expectativas bem fundadas que se tem, essa publicidade não deixa, todavia, de suscitar outros novos competidores e de os estimular a debilitar o negócio. O essencial para a obtenção de uma graça é saber escolher as oportunidades, não somente em relação a quem possui o poder de concedê-la ou negá-la, como também em relação aos que possam obstá-la.

Na escolha das pessoas que desejais encarregar da administração de vossos negócios deveis atentar mais para a aptidão e disposições favoráveis que o indivíduo apresenta para o próprio negócio do que para sua posição e categoria. Por idêntica razão, convém preferir o que cuida de poucos negócios ao que todos abarca. Às vezes, a indenização que se lhes dá pelo que a eles foi negado equivale ao que fora recusado, com o que não se há de ficar muito desalentado nem muito descontente. A máxima *Iniquum petas ut aequum feras*[129] é uma boa regra para um homem que desfrute de grande favorecimento, mas em uma situação diversa lhe seria mais conveniente graduar as exigências e aguardar até obter sempre algo, porque aquele que tenha corrido o risco de perder mediante uma primeira negativa o contato do litigante não desejará expor-se em seguida, sendo novamente desatendido, a ter de se afastar definitivamente e a perder desse modo o fruto das graças que antes lhe tenham concedido.

Nada custa menos, aparentemente, para uma figura eminente do que cartas de recomendação, porém se seu objetivo não é atender uma causa justa, muito prejudicam a reputação daquele que as dá. Num país nada há de mais perigoso do que esses patrocinadores universais dos pedidos ou litígios, que não passam de agentes envenenadores e infecciosos da conduta pública.

L – Dos Estudos

Os estudos servem ao prazer, à boa apresentação e à capacitação: ao prazer no retiro e no isolamento, à boa apresentação no trato particular e nos discursos públicos e à capacitação na vida prática, visto que nos colocam em condição de fazer observações judiciosas.

Um homem cuja instrução é oriunda apenas da experiência mostra aptidão para a execução das tarefas e também para julgar minuciosamente pessoas e coisas, consideradas uma a uma separadamente. Entretanto, o douto se sai muito melhor nas avaliações gerais e na administração básica dos negócios.

---

129. "Pede excessivamente e te darão o justo."

Empregar tempo demais no estudo é indolência, usá-lo excessivamente para exibir-se é afetação, limitar-se a julgar seres humanos e coisas exclusivamente com base nas regras extraídas dos livros é transformar-se em escolástico ou pedante.

Os estudos aprimoram a natureza e eles próprios são aprimorados pela experiência: os talentos naturais, tais como as plantas, têm necessidade de cultivo; contudo, o que se aprende com os estudos será muito vago e geral se não houver a indicação e a determinação da experiência. Os intrigantes e astutos desprezam os estudos, os simples se limitam a admirá-los e somente os sábios conhecem como extrair proveito deles. Os estudos por si sós não indicam o meio de aproveitá-los; o que pode nos ensinar a aproveitá-los devidamente é uma certa prudência que não se acha na esfera dos próprios estudos, que é inferior a eles, e só se pode granjear através da experiência e da observação.[130]

Quando se lê uma obra, que não seja para contradizer ou refutar o autor, nem para, sem o devido exame, adotar suas opiniões e dar-lhe crédito por sua palavra, nem tampouco para pavonear-se nas conversações, mas sim para aprender a refletir.

Há livros dos quais só se deve gostar um pouco, outros que se deve devorar e outros, enfim, que embora em pequeno número, exigem, por assim dizer, que se os mastigue e se os digira. O que quero dizer com isso é que há livros dos quais se deve ler apenas uma certa parte, que há outros que convém ser lidos inteiramente, porém rapidamente e sem ser analisados; e, por último, que há uma pequena quantidade de obras que é preciso ler e reler de maneira extremamente detida e aplicada. Também se pode ler livros como se fosse por delegação, ou seja, ler extratos realizados por outros, mas assim deveriam ser lidos apenas os livros que tratam de assuntos de pouca importância, ou aqueles que foram escritos por autores de pouco mérito; os livros que se prestam assim a se converterem em extratos são tão insípidos quanto água destilada.

A leitura confere ao espírito fartura e fecundidade; a conversação, presteza e desenvoltura; o costume de escrever, exatidão. Todo homem que é indolente para escrever necessita de excelente memória para suprir esse defeito; aquele que pouco fala necessita de um espírito muito vivaz para suprir essa falta de hábito; enquanto aquele que pouco leu não é capaz de se governar sem enorme destreza para aparentar que sabe o que ignora. A História torna o homem mais prudente; a poesia o torna mais espiritual; as matemáticas o tornam mais perspicaz; a filosofia natural, mais profundo; a moral, mais grave; a lógica e a retórica mais pugnaz e mais vigoroso nas disputas. Numa palavra, *Abeunt*

---

130. Consulte-se o *Novo Órganon*, onde os princípios aqui esboçados pelo autor são desenvolvidos de forma extensiva e filosoficamente técnica.

studia in mores[131] e não há no entendimento vício ou falha que não possam ser corrigidos por meio de estudos bem proporcionados e dirigidos, do mesmo modo que se pode prevenir, curar ou aliviar as enfermidades do corpo com o auxílio de certos exercícios. Por exemplo, jogar bola é bom contra os cálculos renais ou mal dos rins; praticar arco e flecha é bom para os pulmões e para o peito; as caminhadas são saudáveis para o estômago; a equitação para o cérebro etc.

De maneira análoga, um homem cujo pensamento é passível frequentemente de extraviar-se e não pode fixar-se sem esforço deve estudar as matemáticas, porque por pouco que alguém se distraia lendo ou escutando uma demonstração do gênero matemático, lhe será necessário começar de novo. Aquele que seja confuso e pouco preciso para efetuar suas distinções deve estudar os escolásticos porque estes são *cymini sectores*, quer dizer, capazes de dividir em partes iguais um grão de alpiste; aquele que disponha de escassos pendores naturais para discutir as matérias e pesquisar nos livros ou na própria memória os meios para esclarecimento de uma ideia no auxílio de outrem deve se familiarizar com as causas dos juristas.

Dessa forma, o estudo pode proporcionar remédio específico para cada vício ou falha da mente.

LI – Dos Partidos

Muitos têm sustentado a opinião, a nosso ver equívoca, de que um príncipe no governo de seu Estado e um grande colaborador na administração de seus negócios devem atender, principalmente, aos partidos formados ao redor do governo. Muito pelo contrário, a verdadeira sabedoria política consiste em ocupar-se de preferência dos interesses comuns e daquelas instituições que contam com o consenso dos partidos, ou se ocupar de cada cidadão em particular, com o que não quero dizer que os partidos jamais devam ser levados em conta.

As pessoas pertencentes a uma classe inferior que aspiram elevar-se devem filiar-se a um partido, porém a conduta mais conveniente às figuras humanas poderosas é permanecer na neutralidade. Todavia, se um homem que ainda pouco se elevou e que se filiou a um partido o servir com bastante moderação e sensatez de modo a não ser objeto de ódio do partido oponente, se abrirá um caminho mais plano e mais transitável.

O partido mais fraco apresenta via de regra mais harmonia, constância e unidade, observando-se amiúde que um partido composto de um reduzido número de homens resolutos e obstinados logra vantagens sobre outro par-

131. "Estudos se transformam em costumes."

tido com maior número de membros e de conduta mais moderada. Quando um dos partidos é destruído, no seio do outro surgem cisões; assim, vemos que, por exemplo, enquanto o partido de Lúculo e dos principais senadores chamados *optimates* foi capaz de sustentar-se contra o de César e Pompeu, estes dois homens permaneceram estreitamente unidos, mas uma vez completamente aniquilada a autoridade do Senado, César e Pompeu romperam, o mesmo sucedendo com o partido de Otávio e Antônio contra Bruto e Cássio pois, quando estes dois últimos foram derrotados, os dois primeiros romperam seu acordo.[132]

Estes exemplos se referem às facções que se acham envolvidas em uma guerra aberta, mas acontece o mesmo com todas as demais.

Aquele que ocupa o segundo posto em um partido costuma atingir o primeiro quando ocorre a cisão, algumas vezes ocorrendo perder totalmente o crédito, porque determinados homens só servem para o combate e uma vez tenha este findado, passam a ser completamente inúteis.

Vê-se também muitos homens que, uma vez guindados ao posto que ambicionavam, abandonam o partido que os ajudou a progredirem, passando ao oponente; sem dúvida assim agem porque se crendo seguros de conservar seus antigos partidários, principiam a aumentar sua influência granjeando novos amigos. Observa-se também com bastante frequência que, quando um traidor abandona seu partido com um intuito deliberado, ele sobe com mais rapidez, porque quando a balança está equilibrada, basta um único homem para fazê-la pender e sobre ele recai toda a honra da vitória. A conduta comedida de um homem que se mantém neutro entre dois partidos nem sempre constitui efetivamente uma prova de moderação; seu intuito, por vezes, é manejar os partidos visando a alcançar alguma meta particular, obtendo vantagens de ambos os lados simultaneamente. Na Itália se faz suspeito o pontífice que tem sempre nos lábios as palavras de *padre commune*, e fundando-se nesse indicador presume-se que não empregará o poder de que se acha investido exceto no engrandecimento de sua Casa.

Constitui falta gravíssima da parte de um soberano celebrar causa comum com um dos partidos que se tenham formado em seu Estado. Trata-se de uma

132. Bacon refere-se aos aristocratas romanos (boa parte deles ocupando o cargo de senadores) no período final da República que antecedeu as guerras civis, a brevíssima ditadura de César e o começo do Império sob Otávio (Augusto), aproximadamente entre 63 e 31 a.C. Lúculo e Marco Túlio Cícero foram os principais e mais expressivos representantes e militantes do partido pró-República. São célebres os discursos veementes deste último nas sessões do Senado contra os partidários do sistema imperial (Catilina em especial) liderados por Caio Júlio César, que foi membro do primeiro triunvirato com Crasso e Pompeu e governante único de Roma durante meses em 44 a.C., sendo sucedido, após seu assassinato no mesmo ano, por seu protegido Otávio (como primeiro imperador romano) depois de Antonio e Lépido (cotriúnviros com Otávio) caírem em desgraça.

conduta sempre funesta às monarquias, inclusive estabelecendo aparentemente relações mais estreitas do que o que permite a obediência e o acato devidos ao monarca, pois os membros do partido a que ele pertence o encaram como um membro comum, como um qualquer entre eles: *tanquam unus ex nobis*. Disso vimos um exemplo eloquente na famosa Liga de França.

Quando dois partidos exercem muita influência e produzem muito alarde em um Estado, isso é indicativo da debilidade do príncipe, nada havendo de mais prejudicial aos seus assuntos e à sua autoridade. Os movimentos dos partidos em uma monarquia devem ser controlados pelos movimentos do rei, a quem cabe ser o movimento principal de todo o sistema político, como – empregando a linguagem dos astrônomos – os movimentos dos astros inferiores, que embora obedecendo aos seus próprios, não deixam de ser arrastados pelo movimento principal de seu *primum mobile*.

LII – Das Boas Maneiras e Das Fórmulas Sociais

Quem desejar ser apreciado somente por seus méritos precisará ser possuidor de méritos excepcionais assim como as pedras preciosas devem apresentar especial excelência para que possam ser montadas sem folheta.

Se formarmos uma ideia justa da importância das boas maneiras compreenderemos que produzem tanto elogios quanto proveitos: segundo o adágio, *pequenos ganhos são os que enchem a bolsa*, porque estes são obtidos com frequência, enquanto que os ganhos muito consideráveis são obtidos raramente. Do mesmo modo, esses pequenos detalhes de que nos ocupamos são os que nos proporcionam mais encômios, pelo fato de que estão continuamente na ordem do dia e se fazem observar a cada instante, enquanto é raro surgir a oportunidade de dar crédito a uma grande virtude e a um talento de primeira grandeza.

Assim, esses cuidados e pequenas atenções que compõem o que se denomina o tratamento mundano podem contribuir em muito para o aumento de nossa reputação. Como dizia a rainha Isabel de Castela, *as maneiras finas e corteses são perpétuas cartas de recomendação para os seus detentores*. Para conquistá-las, basta não menosprezá-las e observá-las nos outros; e para obter o restante ter alguma confiança em si mesmo – isso porque se essas boas maneiras forem estudadas em demasia, serão privadas daquilo que as torna mais agradáveis, a saber, sua leve naturalidade e ausência de afetação.

As maneiras muito estudadas de certas pessoas se assemelham aos versos que têm todas as suas sílabas contadas: tais pessoas não servirão para as coisas importantes por ter suas mentes sempre ocupadas com tais minúcias. Em contrapartida, não dar atenção e não ser cortês com os outros é instruí-los a se comportarem do mesmo modo conosco e que não nos tenham respeito;

especialmente no caso dos estrangeiros e daqueles que são aficionados a essas formalidades, é indispensável ministrar amabilidade e pequenas atenções. Todavia, o tom cerimonioso e a urbanidade excessiva não apenas entediam como também despertam suspeitas e desconfianças por parte das pessoas que tratamos desse modo.

A arte de insinuar-se na esfera do espírito dos outros e conquistar a simpatia destes surte grandes efeitos quando empregada adequadamente.

Como a excessiva familiaridade se instaura facilmente entre pessoas de idêntica categoria e idade, convém precaver-se um pouco; esse perigo é menor relativamente aos inferiores, com os quais temos sempre o poder de nos fazermos respeitar. Aquele que deseja sempre assumir uma posição mediana, quer na sociedade, quer nos negócios, acaba se tornando cansativo e desprestigiado.

É bom prestar deferência amiúde aos outros, ajustando-nos a segui-los e secundá-los, e tornando-os cientes de que não agimos assim por sermos excessivamente dóceis, mas por alimentarmos efetiva consideração por eles. Contudo, ao se ajustar aos sentimentos ou gostos dos estranhos, convém sempre acrescer sempre algo de nós mesmos; por exemplo, se adotamos um parecer, o assentimento não deve ser por completo, ou seja, que tal parecer seja passível de ter incorporada alguma variação de nossa parte; ao aceitar um conselho, convém também expor algumas razões distintas daquelas que tenham empregado para nos persuadir. Não sejamos excessivos nos cumprimentos ou saudações porque diante dessa prática aqueles que nos invejam, passando por alto as boas intenções que os acompanham, não dispensarão o ensejo de nos rotular de aduladores.

Uma falha igualmente prejudicial nos negócios é atribuir demasiada importância às pequenas coisas e ser meticuloso no aproveitamento das oportunidades e momentos oportunos. Disse Salomão: *Aquele que receia demais os ventos fica sem semear e aquele que muito observa as nuvens não realiza a colheita.* Um homem sábio sabe atrair mais oportunidades do que aquelas que se apresentariam a ele naturalmente. As maneiras, bem como os hábitos de um homem, não devem nem exibir muita afetação nem muita severidade, mas sim cortesia e simplicidade suficientes para contribuir à boa presença e ao aumento do prestígio sem dificultar a marcha.

LIII – Dos Louvores

Os louvores são os reflexos da virtude, mas como a imagem só é semelhante ao objeto que a produz se o espelho for fiel, o louvor oriundo do populacho é, de ordinário, falso, porque o populacho se atém geralmente às aparências e não ao verdadeiro mérito.

Um mérito excepcional se coloca muito acima da compreensão do vulgo, o qual louva sem qualquer dificuldade as virtudes de categoria inferior; as de segunda categoria causam-lhe admiração, ou melhor, espanto, e a percepção das virtudes superiores é por ele desconhecida. Em contrapartida, exalta e se humilha ante miragens que parecem virtudes (*species virtutibus similes*). Por certo, o rumor é como um rio que sustém os corpos leves e leva ao fundo aqueles mais pesados e sólidos.

Porém, quando as vozes dos homens que se distinguem pelo seu nascimento e seus méritos se somam às da multidão, somente então se pode dizer, em consonância com as Santas Escrituras, que *nomen bonum instar unguenti fragrantis*;[133] que uma boa reputação se estende ao mais distante e jamais desaparece porque é idêntica ao aroma das substâncias untuosas às quais Salomão se refere, aroma que é mais duradouro do que o aroma das flores.

Tanta falsidade está presente na maior parte dos elogios que não merecem crédito, devendo eles ser tidos como fundamentalmente suspeitos e não passando, amiúde, de mera bajulação. Se tratar-se de um bajulador vulgar, haverá lugares-comuns que lhe servirão para espalhar o incenso de seu turíbulo a todos os tipos de pessoas indistintamente; entretanto, se tratar-se do bajulador habilidoso, sua voz será apenas o eco do bajulador por excelência, ou seja, o eco do amor-próprio da pessoa que se ocupa em elogiar. Terá o cuidado de atribuir a essa pessoa o gênero de virtudes e talentos dos quais se crê maior portadora; ousará lisonjeá-la pelas qualidades das quais, bem sabe, a pessoa carece, e ainda por aquelas qualidades das quais se sente intimamente vergonha, mas que ele não se constrange em dizer diante da própria consciência, *spreta conscientia.*

Há outros louvores provenientes da boa intenção e aconselhados pelo respeito. A essa categoria pertencem as homenagens prestadas aos reis e pessoas eminentes, *laudando praecipere*,[134] nos referindo aqui aos louvores que a eles são feitos em torno de virtudes das quais não são detentores e que deveriam conquistar. Há homens que são louvados maliciosamente e com o intuito premeditado de lhes causar dano atraindo para eles muitos invejosos: *pessimum genus inimicorum laudantium.*[135] Entre os gregos havia um dito segundo o qual *quando uma pessoa elogiava a outra tencionando causar-lhe dano surgia uma espinha em seu nariz*, dito este que tem um paralelo inglês: *uma bolha se forma na língua do mentiroso.*[136]

---

133. "A boa reputação se assemelha às fragrâncias mais suaves."

134. "Instrui-se louvando."

135. "O pior gênero de inimigos é o dos que louvam."

136. Em inglês: *a blister will rise upon one's tongue, that tells a lie.*

Não se duvida de que os elogios moderados, feitos oportunamente e sem alarde, muito contribuem para a reputação de quem os recebe. Disse Salomão: *aquele que madruga para louvar estrepitosamente o seu amigo será para este causa de maldição.* Louvar ruidosamente uma pessoa ou uma coisa estimula aqueles que a invejam a contradizer os louvores e depreciá-la. Não convém elogiar o ego de alguém, exceto em casos muito raros. Entretanto, é perfeitamente decente louvar o próprio emprego ou profissão, podendo-se fazê-lo com desembaraço e mesmo com certa dignidade e elevação. Os cardeais romanos que são teólogos, monges e escolásticos usam um fraseado de menoscabo e injurioso quando se referem aos cargos laicos, tais como de embaixadores, ministros, generais, juízes, magistrados etc.: chamam-nos ironicamente de *esbirros*, como se esses cargos não tivessem mais importância do que os de aguazil, meirinho, bedel etc. Ao se referir a si mesmo, São Paulo disse mais de uma vez: *de mim falo como de um insensato*, mas se referindo ao seu ministério, diz: *magnificabo apostolatum meum.*[137]

LIV – Da Vaidade

Uma das mais bem concebidas fábulas de Esopo é aquela da mosca que, pousando no eixo da roda de uma carroça, exclamou: *oh, quanta poeira vou levantar!* As pessoas das quais é essa mosca o emblema são tão vãs e presunçosas que quando algo vai bem por si mesmo ou devido a um poder superior, por mais ínfima que tenha sido a sua contribuição, imaginam que tudo se deve a elas.

O temperamento dos orgulhosos é sempre inquieto e turbulento, porque a vaidade não pode prescindir de uma comparação entre a própria pessoa e os estranhos. Além disso, é necessário que sejam um pouco violentos para que possam sustentar sua fanfarronice; porém, felizmente não conseguem ser reservados, o que os torna menos perigosos, como o exprime o seguinte brocardo francês no qual estão caracterizados: *beaucoup de bruit, peu de fruit.*[138]

Apesar do que foi dito, esse mesmo defeito pode ser útil nos negócios. Os orgulhosos servem de excelentes trombetas quando se trata de produzir e propagar um rumor, criar alguma opinião, adquirir uma reputação de talento, de virtude ou de grandeza e poder. Também são úteis, segundo Tito Lívio, em casos semelhantes àquele em que se achavam Antíoco e os etólios, porque há ocasiões nas quais as mentiras e os exageros participando de um jogo no desempenho de dois papéis simultâneos podem surtir um grande efeito. Suponhamos, por exemplo, um homem que atua como negociador entre dois príncipes e que deseja levá-los a uma aliança contra um terceiro exagerando

137. "Enalteço o meu apostolado."

138. Em francês no original: muito ruído, mas poucos frutos.

no relato a um ou outro sobre as forças de cada um. Essa manobra astuciosa poderá fazê-lo lograr seu objetivo em ambos os lados.

Por vezes, um homem que atua como mediador em um assunto entre duas pessoas, ponderando a cada uma delas a respeito do poder que exerce sobre a outra, pode com isso aumentar sua influência sobre as duas ao mesmo tempo. Nesse caso e em todos os outros semelhantes, um embusteiro pode extrair algo do nada, porque uma mentira produz uma opinião e esta produz resultados bastante concretos e efetivos. É bom que os militares sejam um pouco jactanciosos porque da mesma forma que o ferro afia o ferro, as proezas e jactâncias de uns estimulam o valor dos outros.

Em todos os empreendimentos difíceis, de grande vulto e arriscados, homens presunçosos são necessários para desencadear o primeiro movimento e lançar os demais ao jogo, pois dos circunspectos pode-se dizer que dispõem mais de lastro do que de velas. O mesmo ocorre com a glória de um literato; sua fama alçará um voo mais alto se a vaidade lhe emprestar algumas penas. *Qui de contemnenda gloria libros scribunt, nomen, suum inscribunt.*[139] Sócrates, Aristóteles e Galeno[140] eram vaidosos. Por certo a vaidade ajuda a perpetuar a memória de um homem e as virtudes mais celebradas e enaltecidas devem mais a essa causa pelo reconhecimento e justiça dos pósteros do que pela boa qualidade delas mesmas. É indubitável que a fama de Cícero, de Sêneca e de Plínio, o Jovem, teria sido menos duradoura se não houvesse ocorrido uma mistura de vaidade que entrava na composição do gênio e caráter desses homens: essa vaidade assemelha-se, portanto, a esses vernizes que conferem aos quadros ao mesmo tempo brilho e durabilidade. Porém, a falha a que me refiro aqui não deve ser confundida com a qualidade que Tácito atribui a Múcio quando diz: *omnium quae dixerat feceratque arte quadam ostentator,*[141] pois um talento desse gênero não é oriundo da vaidade mas sim de uma rara sabedoria que, sendo uma mescla de magnanimidade e discrição, é tanto útil quanto agradável. Todas essas escusas que um escritor apresentar a seus leitores, essa deferência que demonstra com eles e sua própria modéstia, o que são a não ser uma engenhosa ostentação e um meio de se fazerem valer?

Entretanto, dentre todos os meios que contribuem para esse objeto, o mais ponderado e mais discreto é o de que fala Plínio, o Jovem, que consiste em louvar nos outros as virtudes e o talento dos quais quem louva está investido. Diz ele: *elogiando deste modo a um estranho estareis trabalhando para vós mesmos, porque mesmo estando ele aquém de vossas elogiosas referências,*

139. "Até aqueles que escrevem livros em combate à vaidade colocam seus nomes no frontispício."

140. O nome de Hipócrates também aparece neste trecho em várias traduções dos *Ensaios*.

141. "Que sabia exaltar meritoriamente tudo que dizia ou realizava."

não deixa de merecer os elogios, e com maior motivo vós os mereceis; e se está além e não merece nenhum elogio (como se poderia crê-lo se não tendes o cuidado de dispensá-los) menos poderíeis vós merecê-los.

Os vaidosos são os joguetes desprezados dos homens sábios e discretos, o objeto de admiração dos tolos, os ídolos dos parasitas e os escravos de sua própria vaidade.

LV – Da Honra e Da Reputação

A reputação depende de uma certa arte da fazer valer os talentos e as virtudes, revelando-os de um prisma vantajoso, mas sem incorrer em afetação. Aqueles que correm abertamente rumo à glória acabam, amiúde, falando de si mesmos mais do que convém, sem lograr inspirar a mínima admiração.

Outros, pelo contrário, parece que querem eclipsar seu próprio mérito quando seria conveniente o mostrarem e, devido a esse procedimento negligente, não logram a reputação da qual são, justamente, merecedores.

Se um homem consegue realizar o que ninguém jamais empreendeu, ou que foi tentado sem resultado satisfatório, ou que se alguém levou a termo distou da perfeição, granjeia mais renome do que guiando-se pelas pegadas de outro houvesse realizado um empreendimento mais difícil ou que exigisse maior talento e virtudes, pois neste caso não passará de um seguidor do primeiro.

Se um homem souber controlar suas ações e temperar o conjunto delas de tal modo que algumas sejam agradáveis a todos os partidos, o ruído dos louvores que dispensarão a ele será composto de muitas vozes; todavia, isso indicará que desconhece os meios genuínos de conquistar reputação e ele estaria se envolvendo em um empreendimento que produziria mais desonra nos fracassos do que honra nos êxitos.

A honra que se adquire avantajando-se em relação aos rivais comumente reflete muito brilho, podendo ser comparada a uma pedra preciosa que, polida e talhada em facetas, irradia cada vez mais esplendores. Assim, convém propor-se a sobrepujar os concorrentes, avantajando-se a eles, se possível, precisamente naquilo que se destacam.

A criadagem e os seguidores discretos muito contribuem para a nossa reputação, *omnis fama a domesticis emanat.*[142] O melhor meio de evitar a inveja e proteger-se dela consiste em declarar abertamente, comprovando-o com a própria conduta, que se deseja mais merecer uma boa reputação do que obtê-la, o que é feito atribuindo-se nossos triunfos e vantagens mais à fortuna e à

142. "Toda reputação se origina daqueles com quem convivemos."

Divina Providência do que aos nossos talentos, a nossas virtudes ou à sabedoria de nossas ações.

Eis aqui a ideia por nós formada dos diferentes graus de glória, honra e reputação. À primeira categoria pertencem os *conditores imperiorum*,[143] tais como Rômulo, Ciro, César, Otomano e Ismael; a segunda compreende os *legislatores*,[144] intitulados honrosamente como segundos fundadores ou *perpetui principes*[145] porque *governam* depois de sua morte através das leis que produziram e promulgaram. Entre eles estão Licurgo, Sólon, Justiniano, Edgar e Afonso de Castela, o Sábio, que escreveu as *Siete Partidas.*[146]

À terceira categoria pertencem os *liberatores* ou *salvatores*,[147] ou seja, aqueles que se expuseram às calamidades das guerras civis ou libertaram suas pátrias do jugo dos estrangeiros ou dos tiranos. Dessa classe podemos mencionar Augusto, Vespasiano, Aureliano, Teodoro, Henrique VII da Inglaterra e Henrique IV de França.

Para a quarta categoria indicaremos aqueles que devido a brilhantes vitórias ampliaram as fronteiras dos territórios de suas pátrias, ou os garantiram contra as invasões dos estrangeiros, pelo que os chamarei de *propagatores* ou *propugnatores imperii.*

Ocupam a última posição os verdadeiros *patres patriae*,[148] a saber, aqueles que, governando em conformidade com a justiça, constroem a felicidade da pátria enquanto vivem. Os pertencentes a essas duas últimas categorias são em número considerável, pelo que não faria muito sentido darmos exemplos.

Quanto aos graus de glória, de prestígio e de honra dos quais são dignas as personalidades de uma classe inferior, diremos que ao primeiro pertencem aqueles que os romanos chamavam de *participes curarum*, ou seja, os indivíduos sobre cujos ombros os soberanos fazem recair a maior parte do peso dos negócios e que são vulgarmente chamados de seus *braços direitos*. Devem ser colocados imediatamente em seguida os *duces belli*[149] que comandaram os exércitos na qualidade de lugares-tenentes dos príncipes e que prestaram a esses inestimáveis serviços. O terceiro grau é o dos *gratiosi*,[150] pelo que entendo somente os que permanecem na posição que devem ocupar, contentando-se

143. "Fundadores de Impérios."

144. Em latim no original: legisladores.

145. "Príncipes perpétuos."

146. Em espanhol no original.

147. Em latim no original: libertadores ou salvadores.

148. Em latim no original: os pais da pátria.

149. Em latim no original: literalmente condutores da guerra ou líderes guerreiros.

150. Em latim no original: favoritos.

em ser úteis e agradáveis ao príncipe e inócuos ao povo. No que tange ao quarto estágio contemplamos os *negotiis pares*,[151] os quais cumprem honrosamente os projetos mais importantes e mais difíceis.

Há ainda um outro gênero de honra que talvez devêssemos colocar na primeira categoria e que concerne a esses homens, tão raros quanto sublimes, que se condenam a uma morte certa pelo bem da pátria, do que são exemplos Régulo e os dois Décios.

LVI – Dos Deveres dos Juízes

Os juízes jamais devem esquecer que seu ofício é *jus dicere* e não *jus dare*,[152] ou seja, que seu ofício é interpretar e aplicar a lei e não fazê-la ou impô-la como se diz comumente. Caso contrário, a autoridade que usurpariam seria semelhante àquele que se arroga a Igreja romana, que sob o pretexto de explicar as Sagradas Escrituras, não encontra qualquer dificuldade em alterar seu sentido, em acrescentar-lhes o que mais lhe agrada e interessa e em declarar como artigo de fé o que nelas não está, introduzindo assim, em nome da antiguidade, verdadeiras inovações.

Cabe ao juiz ser mais sábio do que engenhoso, mais respeitável do que simpático e popular e mais sóbrio do que presunçoso. Mas antes de mais nada deve ser íntegro, sendo a integridade sua virtude fundamental e a qualidade peculiar ao seu ofício. *Maldito seja* – diz a lei – *aquele que altera as demarcações cuja finalidade é estabelecer os limites das propriedades.* Aquele que remove uma simples pedra que serve de marco é, com efeito, um grande criminoso, porém o é muito mais um juiz parcial que altera a posição de uma infinidade de marcos ao proferir uma sentença iníqua no que tange a terras ou qualquer outro tipo de propriedade. Uma única sentença injusta gera maiores males do que um grande número de crimes cometidos pelos cidadãos particulares: enquanto estes contaminam somente a corrente da água, o juiz contamina a própria nascente, tal como diz Salomão: *Fons turbatus et vena corrupta est justus cadens in causa sua coram adversario.*[153] A função e os deveres de um juiz envolvem litigantes, advogados, notários, escreventes, procuradores e outros funcionários subalternos da Justiça e até mesmo o príncipe e o governo representados pelo juiz.

No que concerne às causas e às partes interessadas, dizem as Escrituras: *Há juízes que convertem a sentença em absinto*, ao que se pode acrescentar

151. Em latim no original: os pares ou colaboradores diretos nos negócios.

152. Em latim no original inglês: dizer o direito *e não* dar o direito.

153. "Fazer que o justo perca sua causa frente ao mau oponente é como turvar a água da fonte ou envenenar seu manancial."

que há outros que a convertem em vinagre. A injustiça de uma sentença a torna amarga e a dilação a torna acre.

O primeiro dever de um juiz é reprimir a violência e a fraude. Quanto mais descarada for a violência, mais perniciosa será e quanto mais reservada e dissimulada for a fraude, mais será funesta, ao que se pode acrescer que os processos muito contenciosos devem ser rechaçados pelos tribunais como alimento indigesto e contaminado. O juiz deve preparar seus caminhos para atingir uma sentença justa, como Deus prepara os seus elevando os vales e baixando as colinas. Por conseguinte, quando o juiz estiver ciente de que uma das partes exerce muito poder sobre a outra mediante a força violenta de sua atividade, pela astúcia com que sabe tirar proveito de suas vantagens, mediante uma intriga ou maquinação que lhe dá respaldo, pela proteção dos homens que se acham no poder, pela habilidade de seu advogado ou por outro fator semelhante, deve então dar uma prova sensível de sua prudência e integridade, mantendo o fiel da balança apesar dessas desigualdades, a fim de poder sedimentar a sentença sobre um solo seguro e perfeitamente nivelado.

Qui fortiter emungit, elicit sanguinem[154] e quando a uva é muito pisada, o vinho adquire um gosto desagradável que sabe a bagaço. O juiz, pois, não deve fundar sua sentença em uma interpretação muito rigorosa da lei, nem em consequências remotas, sobretudo quando se tratar de leis penais: não deve converter em instrumento de crueldade o que na intenção do legislador é somente um meio de punição. De outro modo, pareceria que está desejando que se precipitasse sobre o povo a chuva de que falam as Escrituras no versículo: *Pluet super eos laqueos*,[155] pois quando as leis penais são aplicadas com excessivo rigor, são comparáveis a uma chuva de armadilhas que cai sobre os povos. E, desse modo, ocorre que quando tais leis já há muito não são aplicadas ou quando se tornam inadequadas à atualidade, cabe ao juiz com sua prudência submetê-las a restrições na sua aplicação, visto que seu dever consiste em considerar não só as próprias coisas, como também o tempo de cada coisa: *Judicis officium est, ut res, ita tempora rerum...* Nas causas de vida e morte, o juiz deve (sempre que a lei o permita) olhar com severidade o exemplo dado pelo delito e com comiseração a pessoa de quem comete o delito.

Quanto aos advogados e à defesa das partes, diremos que a gravidade e a paciência em escutar os litigantes são elementos essenciais da justiça. Um juiz muito loquaz e que com frequência interrompe o discurso não passa de um címbalo que aturde e desconcerta. Não é próprio do juiz o querer ostentar a vivacidade de seu espírito prevenindo o que o advogado deve dizer, do

154. Em latim no original: Quem se tange com excesso de força se faz sangue.

155. Em latim no original: Fará chover armadilhas sobre eles.

que ficaria mais bem informado se tivesse a paciência de escutar. De nenhum modo deve, portanto, interromper a apresentação das provas e as deduções dos advogados, nem antecipar-se às informações mediante perguntas, ainda que as suponha pertinentes.

As funções do juiz se reduzem a quatro: *1.* determinar a ordem e o encadeamento das provas; *2.* moderar os discursos dos litigantes, evitando as repetições inúteis, as impertinências, as digressões e as irregularidades; *3.* recapitular, selecionar, comparar e reunir os pontos essenciais de tudo que foi alegado por ambas as partes; *4.* proferir a sentença. Qualquer outra coisa que se faça é demasiada e, geralmente, é produzida pela vaidade do juiz, sua ansiedade para falar, sua impaciência em escutar, sua falta de memória e sua incapacidade de fixar e firmar a atenção.

É espantoso constatar como um advogado arrojado pode prevalecer sobre um juiz, o qual, para fazer-se semelhante a Deus, a quem representa quando está sentado no tribunal, deveria *reprimir os orgulhosos e erguer os humildes.* Entretanto, o que é ainda mais espantoso, senão chocante, é terem os juízes seus advogados prediletos aos quais dispensam um favor escandaloso: parcialidade que, causando o aumento dos honorários dos advogados e os direitos do juiz, torna este último suspeito de corrupção e colusão.

Todavia, quando uma causa foi bem defendida e administrada com muito acerto e clareza, o juiz deve tributar alguns encômios ao advogado, especialmente ao que perdeu a causa. Esses encômios têm o duplo objetivo de sustentar a credibilidade do advogado junto ao seu cliente e tornar este último menos obcecado a favor de sua causa. O interesse público exige também que o juiz, armado da conveniente cortesia e moderação, dirija algumas repreensões aos advogados nas ocasiões em que estes dão conselhos enganosos aos seus clientes; quando com transparente negligência debilitam a defesa grandemente; quando os fatos são mal expostos e muito pouco circunstanciados; quando são capciosos os meios de que se valem no processo; quando litigam com uma audácia ofensiva ao juiz e, finalmente, quando defendem uma causa visivelmente injusta.

Não é absolutamente cabível que o advogado aturda o juiz com seu palavrório ou que faça uso de artifícios e manobras visando a renovar uma causa para a qual já foi proferida uma sentença. O juiz, por sua vez, não deve interromper o advogado, de modo a não ensejar que a parte da defesa se queixe de que suas provas não foram ouvidas na íntegra.

Quanto aos procuradores, notários e outros funcionários subalternos, diremos que o lugar onde a justiça é ministrada é um lugar sagrado no qual é inadmissível, não só na barra do tribunal, como nos próprios bancos e em todo o recinto, a presença do escândalo e da corrupção, já que, como dizem as Escrituras, *por certo uvas não serão colhidas entre espinhos e sarças.* Igualmente, a justiça não poderá produzir seus preciosos frutos entre os sarçais e os abrolhos, ou o que é idêntico, entre os tipos *curialescos* muito interesseiros e cobiçosos. Destes há no foro espécies bastante distintas: *1.* os que semeando processos enriquecem os tribunais de justiça empobrecendo os povos; *2.* os que envolvem as cortes em querelas em torno de jurisdição e que não são verdadeiramente *amici curiae*, mas *parasiti curiae*[156] – são estes que alimentam e estimulam os auditórios com suas adulações a ultrapassar os seus próprios limites, realizando os seus negócios às expensas daqueles mesmos que extraviam com suas lisonjas; *3.* os que podem ser considerados como a mão esquerda dos tribunais e que por meio de rodeios engenhosos e enredamentos atribuem um mau caminho aos processos, desviando a justiça para sendas tortuosas e um verdadeiro labirinto; *4.* os cobradores ímpios, aos quais é devida com mais propriedade a comparação que se faz ordinariamente dos tribunais de justiça e dos espinheiros, sob os quais encontram os rebanhos um abrigo durante a tempestade, mas onde também deixam parte de sua lã. Pelo contrário, um escrivão veterano, de probidade reconhecida, bem a par dos processos seguidos e das sentenças pronunciadas, circunspecto em relação àqueles novamente prolongados, instruído nos procedimentos e conhecedor do tribunal, é um excelente guia e mostra com frequência ao próprio juiz a rota que deve seguir.

Com respeito ao que concerne ao príncipe e ao Estado, devem os juízes, antes de mais nada, recordar-lhes esta conclusão das Doze Tábuas: *Salus populi suprema lex*,[157] que se as leis não tendem a esta meta, devem ser consideradas regras enganosas e falsos oráculos.

Observa-se realmente que tudo caminha com mais ordem e harmonia em um Estado quando o príncipe conferencia frequentemente com os juízes, do mesmo modo que estes consultam frequentemente o soberano ou o seu governo: o príncipe deve fazê-lo quando uma questão de direito se atravessa nas deliberações políticas e o juiz quando considerações que interessam ao Estado se apresentam misturadas nas matérias de direito.

Sucede com bastante frequência que um negócio que se ventila nos tribunais de justiça e que somente parece afetar a interesses particulares (*meum et tuum*) pode ter consequências importantes para o Estado, considerando-se como assuntos de Estado não apenas os que têm relação com os interesses do monarca, como também tudo que possa produzir uma grande novidade ou algum exemplo perigoso e tudo o que possa interessar visivelmente a uma

---

156. Em latim no original: amigos das audiências, *mas* parasitas das audiências.

157. "Que o bem do povo seja a lei suprema."

considerável parte da nação. Não cabe a ninguém considerar que haja incompatibilidade entre as leis justas e a verdadeira política.

Compete aos juízes também lembrar-se de que o trono de Salomão era sustentado por leões dos dois lados. Portanto, será conveniente que os juízes sejam leões, mas instalados sob o trono, zelando continuamente para impedir que os direitos da soberania sejam atacados. Enfim, os juízes devem conhecer suficientemente sua autoridade e prerrogativas e não ignorar que seu dever lhes ordena e seu direito lhes permite realizar um uso prudente e uma ponderada aplicação das leis. Nesse sentido, são aplicáveis as seguintes palavras do Apóstolo, pela quais ele se refere à lei superior a todas as leis humanas: *Nos scimus quia lex bona est, modo quis ea utatur legitime.*[158]

LVII – Da Ira

Extinguir no coração toda ira é uma pretensão exagerada de um estoico. No que toca a isso dispomos de um oráculo mais seguro que nos sirva de norte, ou seja, *Encolerizai-vos, mas não pequeis e que o sol não se ponha sobre vossa cólera*, o que indica que limites precisam ser estabelecidos para a ira, ou mais exatamente, moderar seus movimentos e abreviar sua duração.

Começaremos por mostrar como é possível, em termos gerais, dominar a tendência e a disposição costumeira à ira; diremos em seguida como os movimentos particulares dessa paixão podem ser reprimidos, ou pelo menos, como se pode impedir que gerem consequências calamitosas; e, finalmente, indicaremos a maneira de acalmar ou acender essa paixão nos estranhos.

O melhor remédio para lograr o primeiro objetivo é refletir sobre os efeitos da ira e sobre as inúmeras desordens que causa à vida humana. O momento mais oportuno para essas reflexões é após o término do acesso de ira. Sêneca afirmou com razão que *os efeitos da ira assemelham-se à queda de uma casa, a qual, ao desmoronar sobre outra, ela própria desmorona.* As Sagradas Escrituras nos exortam a *governar a nossa alma por meio da paciência*, e realmente ocorre que aquele que perde a paciência perde a posse da alma. Os seres humanos não devem assemelhar-se à abelha que deposita sua vida no ferimento que produz: *animasque in vulnere ponunt.*

A ira é uma fraqueza e sabe-se que, em geral, são os indivíduos mais débeis, tais como as crianças, as mulheres, os velhos e os enfermos, os mais expostos a ela. Seja lá como for, quando alguém se sente irado, é de mais valia mostrar desprezo do que medo, visando a apresentar-se mais superior do que inferior à ofensa recebida e à pessoa que ofende, o que será sempre fácil, por pouco que se saiba dominar-se nos momentos em que se é agitado por essa paixão.

---

158. "Sabemos que a lei é boa sempre que é usada legitimamente."

No tocante ao segundo ponto, observaremos que as causas ou motivos da ira se reduzem a três: *1.* uma acentuada sensibilidade às ofensas e uma excessiva suscetibilidade de caráter. Ninguém se encoleriza até se crer ofendido, o que indica que as pessoas delicadas e muito suscetíveis em assuntos relacionados à honra são mais irascíveis do que as demais: há uma infinidade de coisas que as ferem e que uma natureza mais forte não sentiria; *2.* a inclinação de encontrar nas circunstâncias da ofensa sinais de desprezo, o que gera e acende a ira tanto como a própria ofensa: desse modo as pessoas hábeis, para assim interpretá-lo, irritam-se mais amiúde do que as outras; *3.* o temor de que a ofensa prejudique a reputação.

O efetivo remédio para todos esses inconvenientes, indicado por Gonçalo de Córdoba, consiste em possuir *telam honoris crassiorem.*[159] Mas o melhor preventivo contra essa paixão consiste em ganhar tempo, persuadindo-se, se possível, de que o momento da vingança ainda não chegou, de que se tirará proveito da vantagem em outra ocasião, e de que, não sendo necessário apressar-se, é mais conveniente ter paciência.

Quanto aos meios impeditivos de que a ira produza efeitos dos quais se terá de arrepender-se, é preciso tomar duas precauções para atingir a meta. A primeira é abster-se de toda expressão demasiado dura e de toda acusação muito mordaz, porque somente as invectivas dirigíveis a qualquer classe de pessoas (*communia maledicta*) são as que causam menos impressão em cada indivíduo em particular. A segunda precaução consiste em evitar de todas as formas revelar um segredo por causa da ira, pois uma tal indiscrição afastaria para sempre um homem da sociedade. É também necessário, quando se tem nas mãos algum assunto, não comprometê-lo devido a um acesso de ira, e mesmo no caso de ceder a um acesso dessa paixão, não realizar, ao menos, nada de que se tenha depois de se arrepender.

Abordando agora os meios de excitar ou abrandar a ira em outra pessoa, nos cabe dizer que tudo depende de saber escolher os momentos oportunos. Uma pessoa que já está de mau humor se irritará com facilidade; e, do mesmo modo, se conseguirá tal coisa interpretando as ações, as palavras etc. de qualquer indivíduo, de sorte a se fazer crer que há descontentamento e mesmo muito desprezo para ele dirigidos, em relação ao que o meio estará em conformidade com o que dissemos anteriormente. Em vista disso, poder-se-á, consequentemente, abrandar essa paixão com meios diametralmente opostos, isto é, para dirigir a uma pessoa as primeiras palavras sobre algo que possa irritá-la é necessário selecionar os momentos em que tal pessoa é encontrada de bom humor, de sorte que tudo depende da primeira impressão. O segundo

159. "Uma honra resistente como uma tela."

meio consiste em interpretar de modo benigno a ofensa recebida, ou seja, convencer a pessoa injuriada de que o ofensor não teve o desejo de desprezá-la e atribuir o incidente a um desentendimento, ao temor, à paixão ou à qualquer outra causa dessa natureza.

LVIII – Das Vicissitudes das Coisas

Nada há de novo sobre a Terra, disse Salomão, ideia que guarda pontos de semelhança com o dogma da imagem de Platão, segundo o qual *todo o conhecimento não é senão reminiscências*; se acrescermos esta outra sentença de Salomão, de que *todo o novo não é senão algo de que se tinha esquecido*, poderemos concluir que o rio Letes[160] corre tanto acima da terra quanto abaixo. Há um astrólogo, cujas ideias são um tanto abstrusas, que pretende que *sem a ação combinada de duas causas cujos efeitos são permanentes, consistindo uma dessas causas na equidistância recíproca das estrelas e que se acham na mesma situação respectiva, e a outra consistindo na perpetuidade e uniformidade do movimento do dia, nenhum ser poderia subsistir um só instante.*

Não se pode duvidar de que a natureza se encontra em um fluxo e refluxo perpétuos e que inexiste repouso absoluto e perfeito. As grandes mortalhas que envolvem as coisas no esquecimento são os dilúvios e os terremotos. Os grandes incêndios e as grandes estiagens despovoam as regiões e destroem, mas jamais chegam a extinguir todas as vidas humanas onde ocorrem. O carro de Faeton rodou apenas um dia e a seca que aconteceu por três anos no tempo de Elias restringiu-se a um certo país e não aniquilou toda a população. Quanto a esses incêndios provocados por raios, frequentes nas Índias Ocidentais, também são limitados. Em contrapartida, os indivíduos que sobrevivem às inundações e terremotos são geralmente homens rústicos e ignorantes forçados a viver nas montanhas que não podem dar conta do passado, de sorte que tudo assim é mergulhado em um esquecimento tão pleno que é como se nenhum indivíduo tivesse sobrevivido.

Por menos atentamente que se possa observar a constituição e os costumes dos nativos das Índias Ocidentais, pode-se considerá-los, com grande probabilidade de acerto, como uma raça mais jovem entre todas as do mundo antigo. E é, ainda, verossímil que seu aniquilamento quase completo não foi ocasionado por terremotos, embora isso tenha sido assegurado ao ateniense Sólon por um sacerdote egípcio, o qual supunha que a Atlântida tinha submergido em uma

160. Todo aquele que tocava nas águas do rio Letes ou nelas se banhava esquecia-se de tudo. *Léthes* (grego) quer dizer *esquecimento*. Daí o conceito de verdade grego *alétheia* que é o *não esquecimento*, e que guarda conexão estreita com o conceito platônico de conhecimento presente tanto na teoria das reminiscências quanto naquela das ideias, a qual concebe o mundo sensível (*aisthétos kósmos*) como constituído pelas imagens (*eidola*) do mundo inteligível (*noéthos kósmos*).

comoção desse espécie. Seria mais adequado atribuir-se essa catástrofe a um dilúvio parcial, já que os terremotos são raros na América, enquanto que nela pode ser visto, pelo contrário, um grande número de rios extensos e profundos banhando vastas regiões, comparados aos quais todos os rios da Ásia, da África e da Europa não passam de regatos. Acresça-se a isso que a cordilheira dos Andes é muito mais elevada do que todas as do antigo continente, podendo os remanescentes dessa desafortunada raça ter se refugiado nos seus elevados cumes, tanto durante o dilúvio como depois dele.

No tocante à observação de Maquiavel de que a inveja e a animosidade recíprocas das seitas concorrem em muito para apagar a memória das coisas, oportunidade em que ele censura Gregório, o Grande, pelo seu empenho em destruir totalmente as antiguidades pagãs, direi que não creio que esse fanatismo haja produzido efeitos tão consideráveis ou, ao menos, efeitos duradouros, como prova o exemplo de Sabiniano, um de seus sucessores, que fez reviver todas essas antiguidades.

Este não é o lugar apropriado para tratar das vicissitudes e revoluções dos corpos celestes. É indubitável que, se o mundo durasse tanto, o grande ano que imaginava Platão poderia ter apresentado alguma realidade, embora não fazendo surgir precisamente os mesmo indivíduos nas mesmas situações, o que não passa de uma opinião quimérica pelos que atribuem aos astros não apenas uma influência geral e vaga sobre os corpos terrestres, como nós próprios o reconhecemos, mas sim uma influência mais precisa e capaz de produzir efeitos específicos sobre um indivíduo determinado.[161]

No que concerne aos cometas, não há dúvida de que exercem uma influência sensível sobre os movimentos e os comportamentos das coisas, mas até hoje tratou-se mais de determinar suas órbitas e predizer suas reaparições do que observar cuidadosamente os seus efeitos e, principalmente, os seus efeitos respectivos e comparados, ou seja, tratou-se especialmente de conhecer com exatidão os efeitos peculiares a esses astros, sua grandeza, sua cor, a direção de sua cauda, seu posicionamento nas regiões celestes, a época de sua aparição, sua duração etc.

A respeito disso existe um ponto de vista um tanto ousado que, todavia, não gostaria de rechaçar completamente e que, a meu ver, mereceria ser averiguado. Diz-se que se tem observado nos Países Baixos (desconheço em que região) que de 35 em 35 anos é reproduzida a mesma época com características idênticas nas estações, ou seja, com os mesmos fenômenos meteorológicos, tais como grandes geadas, chuvas copiosas, secas prolongadas, invernos temperados, verões frescos e tudo isso quase em uma ordem correspondente a que dão, ali, o nome de *primeiras luzes da alvorada.* Achei que devia mencioná-lo

161. Nova invectiva contra os astrólogos.

porque, tendo comparado pessoalmente certos anos com os seus correspondentes do passado, constatei realmente que os últimos eram muito parecidos aos primeiros.

Abandonemos, entretanto, essas observações acerca da natureza e fixemo-nos no que concerne ao homem. As maiores vicissitudes observadas entre os seres humanos são as referentes às religiões e a às seitas, porque a estas pertencem as crenças que exercem no espírito humano o maior dos influxos. A verdadeira religião é a edificada sobre a rocha,[162] tendo sido as demais erguidas sobre as asas do tempo. Desse modo, arriscarei algumas considerações a respeito das causas das novas seitas e darei algum aconselhamento sobre esse mesmo assunto, na medida em que a debilidade própria do discernimento humano possa comportar o desenvolvimento de comoções tão tremendas.

Quando a religião aceita e estabelecida há muito tempo é objeto de disputas e controvérsias; quando seus ministros a profanam e desprestigiam por meio de uma conduta escandalosa, e quando, simultaneamente, os povos se acham mergulhados na ignorância e na barbárie, deve-se então temer o nascimento de novas seitas, mormente se coincidir com essas circunstâncias o surgimento de um espírito extraordinário e incomum, que seja aficionado a paradoxos e suficientemente arrojado para sustentá-los publicamente. Todas essas circunstâncias a que nos referimos se achavam reunidas quando Maomé publicou sua lei.[163] Contudo, existem outras duas condições na ausência das quais uma seita já formada não se faz temível e não se difunde: uma é a intenção manifesta do povo de destruir ou debilitar a autoridade estabelecida, pois nada é mais agradável para o povo do que isso e nem tão apropriado para seduzi-lo; a outra consiste em deixar campo aberto para os apetites e sensualidades humanas.

As heresias especulativas, como nos tempos antigos a dos arianos e atualmente a dos arminianos, podem enraizar-se nos espíritos até um certo ponto, mas nunca são capazes de provocar alterações consideráveis nos Estados, salvo se combinadas com outras causas políticas.

As novas seitas podem ser fundadas mediante três tipos de recursos: mediante os milagres ou prodígios de qualquer tipo, mediante a eloquência ou a força da persuasão e mediante o uso das armas. No que se refere aos mártires, não hesito em qualificá-los como seres miraculosos, visto que parecem exceder as forças da natureza humana e reconheço o mesmo em relação a uma vida pautada pela pureza e a santidade.

O mais seguro meio de solapar no nascedouro as seitas ou os cismas é eliminar os abusos, dar fim a todo tipo de diferenças, agir com brandura absten-

162. O autor se refere a uma passagem do *Evangelho de São Lucas* (VI, 48).

163. Ou seja, o *Corão*.

do-se de toda perseguição sangrenta e, enfim, atrair e dissuadir os principais chefes, conquistando-os com dádivas e honrarias, de preferência a enraivecê--los com violências e crueldades.

A História nos oferece inúmeros exemplos de mudanças e vicissitudes provocadas pelas guerras. E nesse caso elas estão na dependência de três causas principais, a saber: o cenário da guerra, a espécie de armas usadas e a disciplina e tática militares. Parece que nos tempos mais remotos as guerras procediam do Oriente para o Ocidente, de sorte que constatamos que os assírios, os persas, os árabes e os tártaros (todos invasores) constituíam nações orientais. Os gauleses eram, decerto, ocidentais, porém das duas incursões que fizeram, uma foi em região da Ásia Menor, chamada posteriormente de Gália-Grécia, e a outra contra Roma; como também é certo que o Oriente e o Ocidente não possuem nos céus ponto fixo algum que os assinale sobre a Terra e, tampouco, o possuem as guerras seja no leste, seja no oeste. Em contrapartida, o norte e o sul são fixos e raramente se tem visto os povos meridionais invadir os países do norte, enquanto que o contrário tem sucedido muito amiúde, o que prova suficientemente que os habitantes das regiões setentrionais são, por natureza, mais marciais, fenômeno que pode estar vinculado ao fato de os astros exercerem maior influência sobre o hemisfério boreal; à grande extensão dos territórios situados em direção ao norte; à diferença do hemisfério austral que, ao menos em sua parte conhecida, é quase todo marítimo; ou, enfim, pode estar vinculado ao intenso frio que domina as regiões setentrionais, causa que deve ser tida como a principal, pois independentemente da disciplina, o rigor do clima torna os corpos mais rijos e os homens mais robustos e valentes.

Todo Império que ingressa na sua fase de decadência deve evitar provocar guerras. Enquanto os grandes Impérios se acham no gozo de vigor e prosperidade, depositam sua confiança exclusivamente nas tropas nacionais, debilitando e destruindo assim as forças das províncias conquistadas; porém, quando suas tropas falham ou se debilitam, tudo se perde imediatamente e se tornam presa de seus inimigos. Um notável exemplo disso é encontrado na decadência do Império Romano e naquela do Império Germânico após a morte de Carlos Magno, ocasião na qual as coisas voltaram ao que eram antes. É precisamente isto que ocorrerá ao Império Espanhol se suas forças passarem a decrescer sensivelmente. As anexações muito consideráveis e feitas muito rapidamente e a união de Estados constituem também causas naturais de guerras, pois um reino cuja extensão e poder crescem com muita rapidez é como um rio cujas águas aumentam seu volume extraordinariamente e que transbordando por suas margens inundam as regiões circunvizinhas. Tal como se observou em Roma, na Turquia, na Espanha e em outros países, quando em uma parte do mundo são encontradas algumas nações atrasadas entre outras muito civilizadas, os homens não se determinam muito facilmente a casar e nem aspiram a ter filhos, a menos que contem com a segurança de atender à subsistência deles e às suas demais necessidades (observação aplicável a todas as nações hodiernas exceto a dos tártaros); e então essas grandes inundações humanas que ocorreram outrora são pouco prováveis; mas, se, ao contrário, são mais numerosos os povos pobres, entre os quais, por não se cuidar da subsistência dos filhos, a população se multiplica muito, então será necessário que a cada século, ou, ao menos, a cada dois séculos, sejam levados a invadir os países vizinhos para descarregar o excesso de seus habitantes. Era o costume dos antigos povos do norte, que lançavam a sorte para saber quem permaneceria na pátria e quem teria de buscar a fortuna em outra parte.

Quando uma nação guerreira perde seu espírito marcial e se entrega ao luxo e à indolência, pode esperar que será atacada, porque geralmente ocorre que os povos degeneram à medida que enriquecem, oferecendo assim um rico saque ao mesmo tempo que um saque sem defesa: duplo motivo para a invasão.

Quanto ao tipo de armas, diremos que é um assunto do qual se pode falar muito pouco. Todavia, também é passível de vicissitudes, pois os oxidracas da Índia empregavam uma espécie de artilharia que os macedônios classificavam como raios, relâmpagos e armas mágicas.

Sabe-se que a artilharia era conhecida e utilizada na China há mais de 2 mil anos. Eis as condições que devem ser combinadas nas armas de fogo: *1.* devem ter longo alcance para produzir o maior estrago possível aos inimigos, estando aqui a vantagem dos canhões, mosquetes e trabucos; *2.* a força de percussão deve também ser levada em conta e sob esse ponto de vista a artilharia moderna apresenta grandes vantagens se comparada aos aríetes e a todas as máquinas de guerra dos antigos; 3. devem ser de fácil manejo, de sorte que se possa fazer uso delas em todas e quaisquer condições atmosféricas, e que sejam fáceis de ser transportadas, direcionadas etc.

Quanto à forma de fazer a guerra, as nações têm considerado o número, a força e o valor de seus soldados como a medida do poder de seus exércitos. Para acertar suas diferenças, punham-se em batalha campal indicando o dia e o lugar do combate; contudo, relativamente a esses exércitos de enormes contingentes havia problemas de saber como ordená-los; posteriormente, a experiência mostrou os inconvenientes de multidões desordenadas de soldados, levando-se a reduzir o seu número. Houve então um avanço na arte de eleger posições vantajosas, fazer escaramuças, executar marchas e contramarchas, retiradas verdadeiras ou simuladas etc. e também surgiu a tática bélica, que fez também progressos consideráveis.

Na juventude dos Impérios floresce a profissão militar. Posteriormente surgem as letras, as ciências e as artes, por algum tempo ainda unidas. Na fase de decadência das nações os ofícios mecânicos e o comércio recebem as maiores honras e a preferência. As letras também têm a sua infância, na qual, por assim dizer, se limitam a balbuciar; em seguida vem sua juventude, caracterizada pelo copioso e esse fausto de pensamento e expressões próprios dessa idade. No seu período de maturidade, as ideias e o estilo passam por um processo de síntese e depuração, tornando-se, consequentemente, mais sólidos e adquirindo, finalmente, na velhice, ainda mais síntese e vigor.

Entretanto, não é bom demorar demasiado na observação dos movimentos volúveis da roda das vicissitudes a fim de evitar que nos tornemos tão inconstantes quanto ela. Quanto aos historiadores das vicissitudes, temos a dizer que seus escritos não passam de um conjunto de contos e considerações fúteis que, em um tratado tão sério como este, não merecem espaço algum.

LIX – Dos Rumores

Os poetas descrevem o rumor[164] como um monstro composto de partes belas e elegantes e outras graves e comprometedoras. Dizem-nos que ele tem muitas penas, mas que também sob elas muitos olhos, muitas línguas e muitas vozes, e que se põe a ouvir por muitas orelhas.

Tudo isso são apenas imagens floridas, acompanhadas por excelentes parábolas, como esta segundo a qual quanto mais corre o rumor mais força adquire; que anda sobre o solo, mas tem a cabeça oculta entre as nuvens; que de dia se instala nas atalaias, enquanto se dedica ao voo durante as noites; que mistura as coisas ocorridas com as não ocorridas e que é o terror das cidades populosas. Porém, o que supera em muito a tudo isso é o seguinte: os poetas[165] nos contam que a Terra [Gaia], mãe dos gigantes que guerrearam contra Júpiter [Zeus] e foram destruídos por ele, irada com isso, deu à luz o rumor.

Com efeito, a rebeldia que esses gigantes representam, assim como os rumores sediciosos e os libelos, são reciprocamente como irmãos e irmãs, masculino e feminino, e se é possível que alguém amanse esse monstro e consiga que se aproxime e venha comer em sua mão e também consiga controlá-lo e eliminar juntamente com ele as outras aves de rapina ou ainda matá-las, terá conseguido bastante.

Mas ainda assim isso seria nos contaminarmos com as fantasias dos poetas e, portanto, falemos, de preferência, com os pés sobre a terra e de maneira sé-

164. Aqui entendendo-se o vocábulo “rumor” com o sentido de “boato”.

165. O autor, na verdade, não se refere aos poetas em geral, mas aos grandes poetas gregos, ou seja, Hesíodo e Homero.

ria. Não há no mundo da política e dos negócios do Estado coisa menos manejável nem mais valiosa do que o rumor. A respeito dele trataremos aqui dos seguintes pontos: dos falsos rumores, dos verdadeiros rumores, de como se pode distinguir estes daqueles, de como podem os rumores surgir, espalhar-se e se multiplicarem, de como reprimi-los e exterminá-los e outras coisas mais sobre a essência dos rumores.

Os rumores têm tal poder que raramente há uma ação importante da qual não participam, como ocorre muito particularmente nas guerras. Por exemplo: Muciano desacreditou a Vitélio fazendo correr o rumor de que Vitélio se propunha a remover as legiões da Síria para a Germânia e as da Germânia para a Síria, com o que gerou um profundo descontentamento entre as legiões destacadas neste último país. Vejamos este outro caso: Júlio César tomou Pompeu de surpresa e amorteceu suas manobras e preparativos por meio de um rumor que tratou de difundir, a saber, que seus soldados (ou seja, os próprios soldados dele, *César*) não o amavam e que por estarem fartos de tanta guerra e satisfeitos com o saque conseguido nas Gálias, o abandonariam logo que ele voltasse à Itália. Lívia, espalhando continuamente o rumor que seu marido, Augusto, buscava a recuperação e a reparação, logrou prepará-lo inteiramente para que fosse sucedido no trono por seu filho Tibério. Coisa semelhante fizeram os paxás para ocultar aos janízaros e às tropas a morte do Grande Turco, poupando assim Constantinopla e outras cidades do saque que esses desalmados cometeriam. E, analogamente, Temístocles fez que Xerxes, rei da Pérsia, se retirasse apressadamente da Grécia espalhando o rumor de que os gregos tencionavam destruir a ponte para embarcações que haviam construído no Helesponto.

Poderíamos citar mil casos semelhantes, mas quanto mais numerosos, menos necessitam ser reiterados, porque os homens se defrontam com eles em todas as partes. Que se conclua, portanto, que os governantes sábios se mantenham vigilantes e cuidadosos em relação aos rumores tanto quanto se mantêm quanto aos próprios desígnios e ações.

Bibliografia

Esta bibliografia básica constitui mera sugestão editorial com fundamento nos nomes, citações e questões presentes nos *Ensaios*. Aristóteles e Santo Tomás de Aquino constam obrigatoriamente porque a filosofia baconiana (destilada agradavelmente nos *Ensaios*) nasce da crítica à Escola peripatética e à escolástica. A indicação de obras em língua estrangeira é, infelizmente, inevitável diante da indisponibilidade ou inexistência de traduções para a língua portuguesa dos clássicos, a despeito do esforço louvável de alguns editores brasileiros e portugueses.

AQUINO, Tomás de. *Suma Teologica.* Espasa Calpe, 1996.

ARISTÓTELES. *A Política.* Trad. Nestor Silveira Chaves. São Paulo: Edipro, 1995.

BACON, Francis. *Novo Órganon* (*Instauratio Magna*). Trad. Daniel M. Miranda. São Paulo: Edipro, 2014.

BÍBLIA (Velho Testamento). *Vulgata.*

BOÉCIO. *A Consolação da Filosofia.* Trad. Willian Li. São Paulo: Martins Fontes, 1998.

CÉSAR, Caio Júlio. *Civil Wars.* Trad. A. G. Peskett. Cambridge: Loeb Classical Library, Harvard University Press, 1996.

CÍCERO, Marco Túlio. *Da República.* Trad. Amador Cisneiros. São Paulo: Edipro, 1996.

COMMELIN, P. *Mitologia Grega e Romana.* Trad. Eduardo Brandão. São Paulo: Martins Fontes, 1997.

ESOPO. *Fábulas de Esopo.* Trad. Ricardo Aron Belinky de Gouveia. São Paulo: Martins Fontes, 1997.

HESÍODO. *A Teogonia.* Trad. Mary de Camargo Neves Lafer. São Paulo: Iluminuras, 1995.

HOMERO. *Ilíada*. Trad. Gilberto Domingos do Nascimento. São Paulo: Melhoramentos, 1998.

_____. *Odisseia*. Trad. Manuel Odorico Mendes. São Paulo: EdUSP, 1996.

LÍVIO, Tito. *The Early History of Rome*. Londres: Penguin Books.

MAQUIAVEL, Nicolau. *Escritos Políticos*. Trad. Lívio Xavier. São Paulo: Edipro, 1995.

_____. *O Príncipe*. Trad. Lívio Xavier. São Paulo: Edipro, 2001.

MONTAIGNE. *Sobre a Vaidade*. Trad. Ivone C. Benedetti. São Paulo: Martins Fontes, 1998.

OVÍDIO. *Metamorphoses*. Londres: Penguin Books.

PLATÃO. *A República*. Trad. Albertino Pinheiro. São Paulo: Edipro, 2000.

_____. *As Leis – Epinomis*. 2. ed. Trad. Edson Bini. São Paulo: Edipro, 2010.

PLUTARCO. *Como tirar proveito de seus inimigos*. Trad. Ísis Borges B. da Fonseca. São Paulo: Martins Fontes, 1997.

_____. *The Fall of the Roman Republic (Six Lives)*. Londres: Penguin Books.

_____. *The Makers of Rome (Nine Lives)*. Londres: Penguin Books.

SÊNECA. *Letters from a Stoic*. Londres: Penguin Books.

SUETÔNIO. *The Twelve Caesars*. Londres: Penguin Books.

TÁCITO. *The Annals of Imperial Rome*. Londres: Penguin Books.

VIRGÍLIO. *The Aeneid*. Londres: Penguin Books.

Série Clássicos Edipro

A sabedoria da vida
Schopenhauer

Além do Bem e do Mal
Friedrich Nietzsche

As dores do mundo
Arthur Schopenhauer

As regras do método sociológico
Émile Durkheim

As paixões da alma
Tomás de Aquino

Cândido ou o Otimista
Voltaire

Da República
Cícero

Diálogo no inferno entre Maquiavel e Montesquieu
Maurice Joly

Discurso sobre o Método
Descartes

Ditos e feitos memoráveis de Sócrates
Xenofonte

Do espírito das Leis
Montesquieu

Elogio da Loucura
Erasmo de Rotterdam

Novo Órganon
Francis Bacon

O Capital
Karl Marx

O Suicídio
Émile Durkheim

Pensamentos
Pascal

Sátiras
Horácio

Segundo tratado sobre o governo civil
John Locke